Mauro Dardo

L'avventura dei Quanti

A Fabrizio, Monica e Chiara

SOMMARIO

AL LETTORE

1 PRELUDIO   1

2 I QUANTI   17

3 L'ATOMO QUANTISTICO   49

4 GLI ANNI RUGGENTI   83

5 I QUANTI IN AZIONE   145

6 ACCADDE DOPO …   197

NOTE

GLOSSARIO

CRONOLOGIA

LETTURE

AL LETTORE

Che cosa sono: il quanto d'azione di Planck; il fotone di Einstein; l'atomo quantistico di Bohr; le matrici di Heisenberg; l'equazione di Schrödinger; il principio di esclusione di Pauli; lo *spin* dell'elettrone; la funzione d'onda *psi*; il principio d'indeterminazione; l'effetto tunnel; il dualismo onda-corpuscolo; la complementarità; le antiparticelle di Dirac; i fermioni; i bosoni; l'esperimento EPR; l'intreccio quantistico; il gatto di Schrödinger (vivo e morto nello stesso tempo); la sovrapposizione degli stati quantici (in più luoghi nello stesso istante); la QED; la QCD; il teletrasporto quantistico (scomparire in un luogo e comparire in un altro); la crittografia quantistica; gli atomi superfreddi; il computer quantistico; la gravità quantistica; la luce laser; la biologia quantistica?

Chi sono: l'austero Planck; l'anticonformista Einstein; l'esuberante Rutherford; l'ostinato Bohr; l'aristocratico de Broglie; il severo Sommerfeld; l'ambizioso Heisenberg; l'irresistibile Schrödinger; il timido Born; il terribile Pauli; il taciturno Dirac? E ancora: Robert Millikan; Enrico Fermi; Clinton Davisson; Arthur Compton; Robert Oppenheimer; Lev Landau; Victor Weisskopf; George Gamow; Lise Meitner; Richard Feynman; John Bell; Alain Aspect; Anton Zeilinger; David Wineland; Serge Haroche?

Tutto è descritto nel racconto

L'avventura dei quanti

È la storia della più straordinaria rivoluzione scientifica, che ebbe luogo durante i tumultuosi e drammatici anni della prima metà del Novecento.

1

PRELUDIO

Gli ultimi anni dell'Ottocento sono gli 'anni spensierati', pervasi da un ottimismo senza precedenti. Sono gli anni di Toulouse-Lautrec e di Oscar Wilde; dell'Art Nouveau e di Debussy; dei fratelli Lumière e di Sigmund Freud; di Thomas Edison e de *l'Affaire Dreyfus*; de La Bohème di Puccini e del telegrafo senza fili di Marconi. All'esposizione universale di Parigi del 1900, in mezzo ai padiglioni e alle fontane luminose, cinquanta milioni di visitatori celebrano i successi della scienza e della tecnologia.

I treni collegano città e villaggi, i piroscafi solcano gli oceani, le prime automobili circolano sulle strade. L'elettricità trionfa con il telegrafo, il telefono, la lampadina, il grammofono, il motore elettrico, la dinamo. Si costruiscono gallerie, ponti, dighe, e grattacieli. Nuove strade, viali, piazze, cambiano il volto delle città. Verso la fine del secolo vedono la luce: il cinematografo, la Coca Cola, il motore diesel, l'aspirina, l'aeroplano, la radiografia a raggi X.

"Ogni cosa che poteva essere inventata è stata inventata", esclamava il direttore dell'ufficio brevetti di Washington, tanto spettacolare era stato il progresso della scienza e della tecnologia. Non sapeva quanto si sbagliasse!

LA FISICA CLASSICA

Anche la fisica vive la sua apoteosi. Tutti pensano che il Grande Libro della Natura, di cui parlava Galileo, si possa leggere utilizzando le equazioni e le leggi della '*fisica classica*': le leggi del moto e della gravitazione di Newton; le equazioni di Maxwell che descrivono i fenomeni elettrici, magnetici e la luce; le leggi della termodinamica. Tuttavia, verso la fine del secolo, gli scienziati si avvicinano sempre più al mondo microscopico degli atomi e delle particelle che li compongono, e scoprono nuovi fenomeni che non possono essere spiegati con quelle leggi fisiche. Per descrivere il mondo microscopico, si dovranno inventare nuove leggi: quelle della '*fisica dei quanti*'.

Prima di addentrarci nei profondi segreti della materia, dobbiamo dare uno sguardo alle principali teorie classiche che usiamo per spiegare i fenomeni del mondo macroscopico che ci circonda.

La meccanica di Newton

La meccanica studia il moto dei corpi, sulla Terra e nel cosmo, e costituisce uno dei pilastri su cui è costruito l'edificio della fisica.

Le prime idee sul moto emersero quattrocento anni fa per opera di Galileo Galilei, il grande italiano considerato il padre della scienza moderna. Galileo studiò i moti rettilinei uniformi; scoprì la legge dei moti uniformemente accelerati; dimostrò che tutti i corpi in caduta libera, vicino alla Terra, si muovono con la stessa accelerazione costante; formulò il principio di relatività del moto [1]; enunciò il principio d'inerzia.

Spettò a Isaac Newton il compito di portare a maturazione le idee di Galileo. Nel 1687, Newton pubblicò il suo celebre libro, universalmente noto con il titolo di *Principia* (*Philosophiae Naturalis Principia Mathematica*). In esso sono esposte le famose tre leggi del moto (la legge d'inerzia; la legge di proporzionalità tra la forza che provoca il moto e l'accelerazione che ne deriva; la legge di azione e reazione), e la legge di gravitazione universale, che esprime la forza di attrazione tra i corpi dotati di massa. [2]

La *'meccanica classica'* di Newton, perfezionata dai matematici e dai fisici dei secoli successivi, è ancora oggi valida per calcolare la traiettoria di un pianeta, di una cometa, delle sonde spaziali; per descrivere il moto di una Ferrari, di una pallina da golf, e di tutti gli oggetti che ci circondano. Ma, nel regno degli atomi, la meccanica di Newton fallisce. Quando ci addentriamo nel mondo microscopico, perde di significato lo stesso concetto di traiettoria; non si può determinare la posizione e la velocità di una particella in ogni istante; si devono modificare non solo le leggi del moto, ma le stesse categorie del pensiero che sono radicate nella nostra intuizione.

L'elettromagnetismo e la luce

All'inizio dell'Ottocento, il danese Hans Christian Oersted osservò che una corrente elettrica che percorreva un filo conduttore, deviava l'orientazione di un ago magnetico, posto nelle vicinanze. Aveva, per primo, scoperto il legame tra elettricità e magnetismo. Pochi mesi dopo, a Parigi, André Marie Ampère dimostrava che due fili percorsi da correnti elettriche agiscono tra di loro: un filo applica una forza di attrazione o di repulsione all'altro.

Molti si domandavano se in natura esisteva il fenomeno inverso, ossia: può il magnetismo generare una corrente elettrica? Certo che sì! Infatti, nel 1831, a Londra, Michael Faraday, uno dei più grandi fisici sperimentali di tutti i tempi, scoprì che muovendo un filo conduttore vicino a una calamita, una corrente elettrica si generava nel filo stesso. Faraday, che non era portato per i calcoli matematici, si costruì un'immagine mentale per visualizzare le forze agenti tra le cariche elettriche e i magneti. Pensò a un ente fisico invisibile, che riempiva lo spazio, attraverso il quale si trasmettevano le forze elettriche e magnetiche. Fu così che introdusse il concetto di 'campo', che aprirà una nuova era nello sviluppo della fisica.

———

Un po' di più

Il campo elettrico e il campo magnetico

Intorno a un corpo carico di elettricità si genera un invisibile *campo elettrico*, che riempie tutto lo spazio circostante, e applica una forza elettrica ad altri corpi carichi di elettricità che si trovano nelle vicinanze. Intorno a una calamita, o a un filo percorso da una corrente elettrica (flusso di cariche elettriche), si genera un invisibile *campo magnetico* che riempie tutto lo spazio circostante, e che applica una forza magnetica a un ago magnetico (come osservò Oersted), o a un filo percorso da una corrente (come osservò Ampère), che si trovano nelle vicinanze. Quando, invece, un filo conduttore si muove nello spazio dove esiste un campo magnetico, nel suo interno si genera una corrente elettrica (come osservò Faraday).

———

Le equazioni di Maxwell

Le idee di Faraday furono tradotte in equazioni matematiche dallo scozzese James Clerk Maxwell, il più grande fisico teorico del diciannovesimo secolo. Maxwell elaborò un sistema di equazioni per tutti i fenomeni elettrici e magnetici. Esse non solo descrivono l'evoluzione nello spazio e nel tempo dei campi elettrici e magnetici (generati da cariche elettriche, da magneti e da correnti), ma dimostrano che i due campi non sono separati: un campo elettrico che varia nel tempo genera un campo magnetico, il quale induce un campo elettrico nello spazio adiacente, e così via. Esiste, infatti, un'unica entità fisica: il '*campo elettromagnetico*'. Campi elettrici e magnetici, variabili nel tempo, si propagano in tutte le direzioni, sotto forma di onde che viaggiano nello spazio vuoto. Così le quattro equazioni di

Maxwell predicono l'esistenza di *'onde elettromagnetiche'*. Maxwell calcolò la loro velocità di propagazione, e ottenne come risultato il valore della velocità della luce, che altri scienziati avevano misurato con metodi ottici. Conclusione: la luce stessa è un'onda elettromagnetica, e come la luce, ci sono altre onde con lunghezze d'onda più corte o più lunghe.

L'unificazione dei fenomeni elettrici, magnetici e della luce rappresenta il punto culminante della *fisica classica* del diciannovesimo secolo. Le equazioni di Maxwell costituiscono, ancora oggi, la pietra angolare dell'elettromagnetismo classico, così come le leggi del moto e della gravitazione di Newton lo sono per la meccanica classica.

Per saperne di più

Le onde elettromagnetiche

Un'onda elettromagnetica è caratterizzata da una quantità, detta *'lunghezza d'onda'*. Questa è la distanza tra due creste (o due valli) consecutive dell'onda. La *'frequenza'* rappresenta, invece, il numero di creste (o valli) emesse in un secondo dalla sorgente. Inoltre, tutte le onde elettromagnetiche, indipendentemente dalla loro lunghezza d'onda, viaggiano nel vuoto alla velocità di 300.000 chilometri al secondo. Le due quantità (lunghezza d'onda e frequenza) sono legate tra di loro, perché una è inversamente proporzionale all'altra. I colori di un arcobaleno corrispondono a onde luminose (visibili ai nostri occhi) di frequenze diverse: quelle del colore rosso hanno una frequenza che è la metà (una lunghezza d'onda che è il doppio) di quelle del colore violetto. La *'radiazione termica'* (o *'infrarossa'*) è costituita da onde che hanno una frequenza minore di quelle del colore rosso; mentre la luce ultravioletta ha una frequenza maggiore del violetto.

La luce: *onde o corpuscoli?*

Verso la fine del Seicento, l'olandese Christiaan Huygens propose una teoria secondo la quale la luce consisteva di

------

onde, vibrazioni che si propagavano attraverso una sostanza misteriosa, imponderabile, che pervadeva tutto l'universo, e che battezzò con il nome di 'etere' (come le onde sonore si propagano attraverso l'aria, o altri mezzi elastici).

A Cambridge, il sommo Newton proponeva un altro modello. Egli pensava che la luce fosse composta di corpuscoli minutissimi, emessi con grandissima velocità dalla sorgente, e che si propagavano in tutte le direzioni. Nel Settecento, l'autorità di Newton era talmente grande che la teoria corpuscolare fu accettata dalla maggioranza degli scienziati.

Il primo colpo di piccone contro l'edificio della teoria di Newton fu sferrato dall'inglese Thomas Young. Nel 1802, Young eseguì un esperimento, detto dei 'due fori' (o delle 'due fenditure'), con il quale dimostrò che la luce è costituita di onde. Alcuni anni dopo, in Francia, Augustin Jean Fresnel confermò i risultati di Young, e pubblicò una teoria sulla propagazione della luce, che si basava sull'ipotesi ondulatoria, e che spiegava tutti i fenomeni dell'ottica allora noti.

Infine, nella seconda metà del secolo, Maxwell diede il supporto finale al modello ondulatorio, risolvendo le sue equazioni, e deducendo che la luce consiste di onde elettromagnetiche. Il problema della natura della luce, che aveva sfidato le menti dei più grandi scienziati di ogni epoca, sembrava trovare così la sua soluzione!

Ma la misteriosa luce si ribella alle etichette! Nuovi risultati sperimentali di fine secolo fanno riaffiorare il dualismo *onda-corpuscolo*: esso diventerà il punto centrale della rivoluzione quantistica.

Per approfondire

L'esperimento delle due fenditure

In uno schermo opaco, Young praticò un piccolo foro e lo illuminò con un fascio di luce. La luce uscente colpiva un secondo schermo (parallelo al primo), nel quale erano praticati altri due piccoli fori, molto vicini. I due coni di luce uscenti da questi due fori illuminavano un terzo schermo, posto a una certa distanza, e nella zona dove si sovrapponevano, formavano una serie di strisce, alternativamente chiare e scure (nel linguaggio tecnico sono dette *frange*). Adottando la teoria ondulatoria, Young interpretò il fenomeno nel seguente modo: le frange scure compaiono dove la cresta di un'onda luminosa, proveniente da uno dei due fori, si sovrappone alla valle di un'onda proveniente dall'altro foro, in modo che i due effetti si elidono. Si ottiene, invece, una frangia chiara, dove si sovrappongono le creste alle creste, e le valli alle valli, di due onde provenienti dagli stessi fori. Nel linguaggio tecnico, il fenomeno di sovrapposizione è detto *interferenza delle onde*, e il risultato visibile, ossia, le frange, sono dette *frange d'interferenza*.

————

La termodinamica

Il terzo pilastro della fisica classica, la '*termodinamica*', giunse a maturità nella metà dell'Ottocento, grazie al lavoro di scienziati, come il francese Sadi Carnot, gli inglesi James Joule e William Thomson (Lord Kelvin), il tedesco Rudolf Clausius. La teoria si occupa delle varie forme di energia: meccanica, termica (calore), elettrica, chimica ecc., e della trasformazione di una forma di energia in un'altra. Essa si basa su due principi.

Il primo principio stabilisce che l'energia non può essere creata né distrutta. A sua volta, il secondo principio stabilisce che, quando si trasforma spontaneamente, l'energia degrada in forme meno utili. Clausius formulò il secondo principio in forma matematica, introducendo il concetto di '*entropia*', una grandezza fisica che racchiude in sé l'idea del degrado dell'energia: più alto è il valore dell'entropia, più l'energia è degradata. [3]

Nella seconda metà del secolo gli scienziati svilupparono la '*teoria cinetica della materia*'. Immaginavano la materia costituita di particelle (atomi o molecole) in incessante movimento. Per esempio, in questa teoria, l'energia termica di un gas è semplicemente la somma delle energie cinetiche delle sue particelle.

Dalla teoria cinetica emerse la '*meccanica statistica*', la quale spiega la termodinamica applicando il calcolo delle probabilità e la statistica. Essa, per esempio, interpreta l'entropia come una misura del disordine di un sistema [3]. Maxwell e l'austriaco Ludwig Boltzmann furono tra i padri fondatori. All'inizio del Novecento, i pionieri della fisica quantistica utilizzeranno l'entropia così definita, per introdurre il concetto di discontinuità nei fenomeni di interazione tra radiazione e materia, e per spiegare il riemergere dell'aspetto corpuscolare della luce.

I GERMI DELLA
FISICA QUANTISTICA

La scoperta degli spettri della luce emessa dai vari elementi chimici suggerisce che le loro righe multicolori siano i messaggi inviati dagli atomi di cui si pensa sia costituita la materia. Inoltre, le sorprendenti scoperte degli ultimi cinque anni del secolo dimostrano che gli atomi contengono gli elettroni, e dal loro interno provengono anche i raggi X, e le radiazioni emesse dalle sostanze radioattive. Si sta entrando in un nuovo mondo che nessuno aveva sospettato. I primi segnali provengono dallo studio dell'emissione della luce da parte dei corpi incandescenti.

Gli spettri atomici

Nella prima metà dell'Ottocento, l'ottico tedesco Joseph Fraunhofer perfezionò il celebre esperimento di Newton sulla scomposizione della luce bianca in uno '*spettro continuo*' di colori (ossia, in una gamma composta dai colori: rosso, arancione, giallo, verde, blu, indaco, violetto). Fraunhofer fece passare la luce solare attraverso una stretta fessura verticale (tecnicamente è denominata 'fenditura'), prima che venisse rifratta da un prisma di vetro. Con sua grande sorpresa, scoprì che alcune immagini della fenditura erano assenti, per cui lo spettro continuo colorato era solcato da linee nere (nel linguaggio dei fisici sono dette '*righe spettrali*').

Verso la metà del secolo, il chimico tedesco Robert Bunsen e il suo collega, il giovane fisico Gustav Kirchhoff, inventarono un nuovo strumento per studiare le righe spettrali, al quale assegnarono il nome di '*spettroscopio*'. Bunsen e Kirchhoff sparsero su una fiamma piccole quantità di sostanze diverse, le quali si trasformavano in gas incandescenti. Utilizzarono poi lo spettroscopio per analizzare il bagliore che questi gas producevano, e videro che i corrispondenti '*spettri*' consistevano di gruppi di brillanti righe colorate su sfondo nero. Ogni elemento chimico produceva le sue inconfondibili righe spettrali (oggi diremmo: il proprio 'codice a barre').

Nasceva così la '*spettroscopia*', la scienza che studia gli spettri. Essi sono detti '*spettri a righe*', e a ogni riga corrisponde uno specifico colore, ossia una specifica lunghezza d'onda (o frequenza) della luce emessa o assorbita.

In quegli anni, molti scienziati cominciavano a convincersi che gli atomi, pensati come entità costituenti la materia, fossero degli oggetti reali, anche se non c'erano prove sperimentali che testimoniassero la loro esistenza. Così le righe spettrali potevano essere interpretate come prodotte dagli atomi, i quali assorbono o emettono solo luce di lunghezze d'onda definite. Perché gli atomi funzionano in questo modo? La fisica classica non era in grado di rispondere a questa domanda. Gli scienziati dovettero attendere più di cinquant'anni per scoprire la chiave di lettura degli spettri a righe.

I raggi catodici

Nello stesso periodo, i fisici s'interrogavano sulla natura dei curiosi effetti che apparivano ogni volta che si faceva passare una corrente elettrica attraverso un gas rarefatto, contenuto in un tubo di vetro. Quando due elettrodi metallici, saldati alle estremità del tubo, erano collegati a una batteria di pile, all'interno del tubo si sprigionavano bagliori di forme e colorazioni diverse.

Un vetraio tedesco, di nome Johann Geissler, riuscì a creare nei tubi un vuoto molto spinto, e vide che dall'elettrodo negativo (nel linguaggio tecnico, il '*catodo*') partivano dei raggi, i quali, urtando la parete opposta del tubo, la rendevano fluorescente, producendo un bagliore verde. I tubi furono chiamati '*tubi catodici*', e i raggi, '*raggi catodici*'.

Che cosa erano questi raggi? Onde o corpuscoli?

Il tedesco Heinrich Hertz (il fisico che aveva scoperto le onde radio, dimostrando la validità della teoria di Maxwell) sosteneva che erano delle onde, analoghe alle onde luminose.

I ricercatori inglesi, con in testa William Crookes, sostenevano invece che erano delle particelle, perché le loro traiettorie erano deflesse dal campo magnetico di una calamita.

La loro vera natura sarà svelata nel 1897. Nel frattempo, i raggi catodici permisero la scoperta dei raggi X, e ispirarono la scoperta della radioattività.

Misteriosi raggi X

Che cosa accadde a Würzburg, una città della Baviera, nel laboratorio del professor Wilhelm Röntgen, la sera dell'otto novembre 1895?

Röntgen, affascinato dai curiosi effetti prodotti dai raggi catodici, quella sera stava eseguendo un esperimento. Nella stanza completamente buia, aveva collegato un tubo catodico a un generatore di tensione elettrica. Quando accese il tubo, vide con sorpresa che uno schermo di cartone, che si trovava su un tavolo poco distante dal tubo, sul quale era stata in precedenza depositata una sostanza fluorescente, improvvisamente s'illuminava. Egli allontanò lo schermo di alcuni metri, ma questo continuava a emanare un vivido bagliore. Giunse quindi alla conclusione che l'effetto luminoso era causato da una nuova forma di radiazione, prodotta dai raggi catodici quando colpivano la parete del tubo.

Röntgen lavorò, isolato nel suo laboratorio, per altri due mesi, per scoprire le caratteristiche di questi misteriosi e invisibili raggi, che battezzò con il nome di 'raggi X'. Egli dimostrò che potevano attraversare materiali che erano impenetrabili alla luce. Osservò che non erano deflessi da una calamita, e che annerivano una lastra fotografica. Li utilizzò per fotografare la mano di sua moglie Bertha e, quando sviluppò la lastra, ottenne un'immagine che rappresentava le ossa della mano. Era la prima radiografia della storia.

La nuova scoperta e, in particolare, le sconcertanti fotografie, provocarono una grande sensazione in tutto il mondo. Nei laboratori si eseguirono esperimenti per scoprire la vera natura dei raggi X. Si dovette però attendere quindici anni prima che fossero identificati.

La radioattività

A Parigi, nel gennaio 1896, durante una riunione dell'Accademia delle Scienze, il matematico Henri Poincaré parlò con il fisico Henri Becquerel, della straordinaria scoperta di Würzburg, e gli mostrò una delle fotografie che Röntgen gli aveva inviato. A Becquerel venne subito l'idea che i raggi X avessero qualcosa a che fare con il fenomeno della fluorescenza.

Henri Becquerel era nato a Parigi nel 1852, in una famiglia di scienziati. Era un professore di fisica del Muséum d'Histoire Naturelle, e uno specialista della fluorescenza, il fenomeno per cui alcune sostanze, sotto l'azione della luce, producono una soffusa luminosità.

Becquerel prese dei composti di uranio fluorescenti, li pose su una lastra fotografica, avvolta in un foglio di carta nera, e li espose per molte ore al Sole. Sviluppata la lastra, vide che era annerita in corrispondenza del materiale che conteneva l'uranio. Era evidente che il composto di uranio aveva emesso delle radiazioni che, attraversata la carta nera, avevano impressionato la lastra. Erano radiazioni collegate al fenomeno della fluorescenza? Cioè, era energia della luce solare che era stata assorbita e trasformata dal composto di uranio? Una fortunata coincidenza gli permise di rispondere alla domanda.

In febbraio, Becquerel decise di ripetere l'esperimento, ma in quei giorni il cielo di Parigi era coperto di nubi. Aspettando che il tempo migliorasse, mise la lastra fotografica, con sopra il composto di uranio, in un cassetto. Dopo parecchi giorni, stanco di aspettare, sviluppò la lastra: con grande meraviglia, invece di essere bianca, come ci si attendeva, era annerita, come se l'uranio fosse stato in precedenza esposto al Sole. Becquerel pensò che era in presenza di un fenomeno sconosciuto: il composto emetteva spontaneamente una nuova radiazione.

Quando Marie e Pierre Curie scoprirono che, oltre l'uranio, altri elementi emettono lo stesso tipo di radiazioni (paragrafo successivo), il nuovo fenomeno fu battezzato (da Marie) con il nome di 'radioattività', e gli elementi chimici che emettono le misteriose radiazioni con il nome di 'elementi radioattivi'.

Marie e Pierre Curie

Nel 1891, Maria Sklodowska (era nata a Varsavia nel 1867, ed è nota come Marie Curie) decise di andare a Parigi per proseguire i suoi studi in scienze, all'università Sorbonne. Nel 1893 ottenne la laurea in fisica, e l'anno successivo in matematica. Nello stesso anno incontrò e sposò un giovane fisico, Pierre Curie. Nel 1896, Marie fu talmente impressionata dalla scoperta di Becquerel che decise che le misteriose 'radiazioni dell'uranio' sarebbero state l'argomento della sua tesi di dottorato. Pierre abbandonò le ricerche che stava conducendo, e affiancò la moglie nella nuova avventura.

I Curie iniziarono a studiare un minerale dell'uranio, di nome pechblenda, e con sorpresa scoprirono che alcuni campioni erano più radioattivi di quanto loro avessero previsto. Giunsero così alla conclusione che nella pechblenda, oltre all'uranio, ci doveva essere un altro elemento radioattivo. Verso la metà del 1898, i Curie riuscirono a isolare un elemento che era quattrocento volte più radioattivo dell'uranio, al quale diedero il nome di '*polonio*'. E dopo alcuni mesi scoprirono un elemento ancora più radioattivo del polonio, al quale imposero il nome di '*radio*'. Le scoperte di Marie e Pierre rivoluzionarono completamente lo studio della radioattività.

Dalla Nuova Zelanda a Cambridge

Nel settembre 1895, un giovane fisico ventiquattrenne, di nome Ernest Rutherford, giunse a Cambridge (Inghilterra). Proveniva dalla Nuova Zelanda, e aveva vinto una borsa di studio per continuare gli studi al Cavendish Laboratory, il famoso dipartimento di fisica dell'università di Cambridge. Dopo la scoperta della radioattività, Rutherford cominciò a misurare l'assorbimento delle nuove radiazioni emesse dall'uranio. Egli scoprì che esistevano due distinte componenti: una componente penetrava nella materia cento volte più dell'altra. Egli impose il nome di *raggi beta* alla componente più penetrante, e di *raggi alfa* a quella più facilmente assorbita.

Poco tempo dopo, Becquerel scoprì che i raggi alfa e beta sono delle particelle cariche di elettricità di segno opposto. Infine, nel 1900, il chimico francese Paul Villard dimostrò che esisteva un terzo tipo di radiazione, la cui natura sembrava analoga a quella dei raggi X, alla quale fu assegnato il nome di '*raggi gamma*'. Ci vollero alcuni anni per scoprire la vera natura dei raggi beta e alfa, e più di un decennio per i raggi gamma.

La scoperta dell'elettrone

Joseph John Thomson (J.J. per i colleghi e gli studenti) a-
veva studiato all'università di Manchester, per poi andare
al Trinity College di Cambridge, dove si laureò in matematica. Nel 1884, a soli ventotto anni, fu nominato direttore del Cavendish Laboratory, dove avvenne la sua metamorfosi da matematico a fisico sperimentale.

Nel 1897, Thomson costruì uno speciale tubo catodico con
il quale eseguì una serie di esperimenti che fecero epoca.
Egli riuscì a dimostrare definitivamente che i raggi catodici erano delle particelle con carica elettrica negativa (in
seguito chiamate 'elettroni'), che erano deviate sia da un
campo elettrico, sia da un campo magnetico. Misurò poi la
loro massa, e trovò che era circa 1000 volte più piccola di
quella dell'atomo di idrogeno (oggi sappiamo che è 1836
volte più piccola).

L'elettrone di J.J. Thomson era la prima particella subato-
mica scoperta, e si pensò subito che doveva essere uno dei
costituenti degli atomi.

Luminosi corpi neri

E ora, il più intricato problema della fisica classica di fine
secolo. Riguarda la radiazione emessa da un oggetto incandescente. Un esempio a tutti noto: quando lo scaldiamo, un
pezzo di ferro diventa di colore rosso, poi arancione; au-
mentando la temperatura diventa giallo-bianco e infine az-
zurro-bianco. La quantità di radiazioni emesse dal solido
(radiazioni visibili ai nostri occhi attraverso i colori; e invisibili, come quelle ultraviolette o infrarosse) è direttamente
proporzionale alla quarta potenza della temperatura (e-
spressa in kelvin) [4]. Per esempio, se la temperatura rad-
doppia, la quantità di radiazioni emesse aumenta di un
fattore sedici. Questa regola empirica era stata scoperta dal
fisico austriaco Josef Stefan, e dedotta teoricamente da
Ludwig Boltzmann, grazie alle leggi della termodinamica
classica, e a quelle della teoria elettromagnetica della luce.

Boltzmann aveva fatto i calcoli basandosi su un modello immaginario di corpo incandescente; cioè, un oggetto che assorbe tutte le radiazioni che lo colpiscono, e che emette tutte le radiazioni che è in grado di produrre. Nel linguaggio dei fisici dell'epoca un oggetto del genere era detto '*corpo nero*'. (L'aggettivo 'nero' non ha nulla a che vedere con il colore dell'oggetto, ma semplicemente con il fatto che esso assorbe tutte le radiazioni che riceve).

Il colore caratteristico

Le radiazioni emesse da un corpo nero presentano, inoltre, un'intera gamma di lunghezze d'onda, sotto forma di uno '*spettro continuo*' (dall'infrarosso all'ultravioletto, passando attraverso il rosso e il blu). Esiste però una particolare lunghezza d'onda, in corrispondenza della quale l'intensità delle radiazioni emesse è massima (per intensità, s'intende l'energia emessa in un certo intervallo di tempo, sotto forma di radiazioni elettromagnetiche). Questa è detta '*lunghezza d'onda di picco*', e corrisponde al caratteristico colore dell'oggetto incandescente. Il fisico tedesco Wilhelm Wien aveva trovato una formula, la quale esprime il fatto che quando la temperatura del corpo aumenta, il picco dell'intensità delle radiazioni si sposta verso le lunghezze d'onda più corte. Per esempio, un oggetto incandescente che emette prevalentemente della luce di colore giallo è più caldo di uno che emette prevalentemente luce rossa (questo perché la luce gialla ha una lunghezza d'onda minore della luce rossa).

La curva a campana

Le due leggi, quella di Stefan e quella di Wien, non sono però sufficienti per descrivere tutte le proprietà della radiazione emessa da un corpo nero. Una descrizione più completa è data dalla distribuzione dell'intensità della radiazione per ciascuna lunghezza d'onda (o frequenza), anche per le lunghezze d'onda che si trovano al di qua e di là del picco, dove le intensità diminuiscono gradualmente fino ad annullarsi. Applicando la fisica classica, si trovava che l'intensità delle radiazioni emesse doveva essere proporzionale alla frequenza: più questa è grande, più la radiazione è intensa. Questo implicava che la curva delle intensità, non doveva presentare la tipica forma 'a campana' (asimmetrica), con un picco centrale (come dimostravano i risultati degli esperimenti), e che l'energia totale emessa dal corpo nero tendeva a infinito! Un fatto, questo, così paradossale, che divenne noto con il nome di 'catastrofe ultravioletta'.

La soluzione di questo paradosso segnerà l'inizio dell'*avventura dei quanti*.

------ o ------

2

I QUANTI

All'alba del ventesimo secolo nasce una nuova scienza, che rivoluzionerà profondamente il modo di descrivere la natura: è la *'fisica dei quanti'* (detta anche *'fisica quantistica'*). Si aprono così le porte su un mondo che obbedisce a nuove leggi, radicalmente diverse da quelle della fisica classica. È il mondo dell'infinitamente piccolo: quello delle molecole, degli atomi, dei nuclei, delle particelle e delle loro interazioni. Le prime scintille di questa rivoluzione intellettuale sono provocate da un austero professore di Berlino, e da un modesto impiegato di Berna.

IL QUANTO DI ENERGIA

Berlino-Charlottenburg

A fine Ottocento, Charlottenburg era una cittadina satellite di Berlino, dove sorgeva l'Istituto Imperiale di Fisica Tecnica (sigla: PTR, dalle iniziali di Physikalisch-Technische Reichsanstalt). Era stato fondato nel 1887 su iniziativa dell'industriale tedesco Werner Siemens, con lo scopo di custodire i campioni di misura (campioni di lunghezza, di tempo, di temperatura, campioni elettrici ecc.), e con la funzione di sviluppare la ricerca fondamentale e applicata nei settori, allora di grande interesse, dell'elettricità e dell'ottica.

Werner Siemens e il PTR

Werner Siemens fu un inventore e imprenditore di successo. La storia ebbe inizio quando era ufficiale di artiglieria nell'esercito prussiano. Durante un duello tra due commilitoni, egli fece da padrino di uno dei due, e per questo fu condannato a un breve periodo di prigione. Siemens approfittò del tempo a disposizione per eseguire alcuni esperimenti di chimica, e inventò un metodo elettrolitico per la doratura e l'argentatura. In seguito brevettò un nuovo tipo di telegrafo, e nel 1847, lui e il giovane ingegnere Johann Georg Halske fondarono la società 'Siemens & Halske', per la costruzione di linee telegrafiche (oggi, è la multinazionale Siemens AG). Nel campo dell'elettricità, Siemens sviluppò la dinamo, e fu il primo industriale a utilizzare l'elettricità per l'illuminazione pubblica di Berlino, e per alimentare locomotive, ascensori e linee tramviarie. Egli pensava che sarebbe stato molto utile per l'industria tedesca creare un centro di ricerca nazionale. Così scriveva al governo prussiano:

"La ricerca nel campo delle scienze naturali costituisce la base del progresso tecnico, e l'industria di un paese non raggiungerà mai, né manterrà, una posizione di leadership a livello internazionale se non è, allo stesso tempo, al culmine del progresso nel campo delle scienze". [1]

Siemens offrì un terreno nella cittadina di Charlottenburg, e finanziò la costruzione dei laboratori con mezzo milione di marchi. All'iniziativa partecipò attivamente anche Hermann Helmholtz, allora professore di fisica all'università di Berlino. Helmholtz era noto nel mondo scientifico per i suoi studi di fisiologia della vista e dell'udito; aveva inventato l'oftalmoscopio e i risuonatori acustici, e aveva dato un importante contributo allo sviluppo della termodinamica, con la formulazione del principio di conservazione dell'energia. Era una celebrità in tutta la Germania. Era così influente da essere soprannominato il 'cancelliere della fisica tedesca'. Helmholtz era molto legato a Siemens, anche sul piano personale (la figlia, nata dal suo secondo matrimonio, aveva sposato un figlio di Siemens), e divenne il primo presidente dell'istituto PTR.

Sperimentare al PTR

Uno dei laboratori dell'istituto PTR era attrezzato per misurare l'intensità della radiazione emessa dai corpi incandescenti (l'argomento era di grande interesse, non solo teorico, ma anche pratico: l'illuminazione elettrica si stava rapidamente diffondendo, e le industrie che producevano le lampadine sentivano la necessità di conoscere quali erano i materiali più efficienti nell'emissione della luce).

Il PTR ospitava due gruppi che conducevano esperimenti sull'argomento, diretti da fisici di prim'ordine. I loro nomi erano: Otto Lummer e Ernst Pringsheim; Ferdinand Kurlbaum e Heinrich Rubens. Questi sperimentatori avevano inventato dei dispositivi, i quali, riscaldati con la corrente elettrica, potevano raggiungere temperature superiori ai mille gradi, ed emettere radiazioni elettromagnetiche in un ampio intervallo di lunghezze d'onda: dall'infrarosso (grandi lunghezze d'onda), al visibile, e all'ultravioletto (piccole lunghezze d'onda). Inoltre, utilizzando sensibili strumenti, misuravano l'intensità di queste radiazioni in corrispondenza delle diverse lunghezze d'onda. I risultati delle misure eseguite all'istituto PTR, all'inizio del ventesimo secolo, furono cruciali per la soluzione dell'intricato problema della *radiazione di corpo nero* (Capitolo 1).

Berlino, Unter den Linden

'Unter den Linden' (letteralmente 'Sotto i Tigli') è il nome del più famoso viale di Berlino. Partendo dalla Porta di Brandeburgo si arriva all'estremità orientale, dove si trova il palazzo dell'università Humboldt, la più antica università della città. Fu fondata nel 1810, ed ebbe tra i suoi allievi e docenti nomi famosi, come il filosofo Georg Hegel, il futuro cancelliere Otto von Bismarck, il filosofo Karl Marx, il batteriologo Robert Koch, Albert Einstein e molti altri fisici che incontreremo nel nostro racconto.

Kirchhoff pone il problema

Nel 1871, già famoso, Helmholtz si era trasferito dall'università di Heidelberg a Berlino, per dirigere il più importante istituto di fisica dell'impero. Egli aveva invitato Gustav Kirchhoff, anche lui a Heidelberg, a occupare la prima cattedra di fisica teorica istituita in Germania.

Kirchhoff, come abbiamo visto, era noto per avere fondato, insieme a Bunsen, la nuova scienza della spettroscopia (Capitolo 1). Egli era uno dei maggiori fisici classici dell'epoca. Oltre che nell'analisi spettrale, aveva lavorato in molti altri settori: dall'ottica fisica alla termochimica, all'elettricità (sono a tutti note le leggi di Kirchhoff sulla distribuzione delle correnti elettriche in un circuito). Si era anche interessato del problema della radiazione emessa dai corpi incandescenti. Fu lui a definire 'corpo nero' un oggetto che assorbe perfettamente tutte le radiazioni che incidono su di esso. Applicando poi il secondo principio della termodinamica, riuscì a dimostrare che la formula matematica che avrebbe dovuto descrivere come varia l'intensità delle radiazioni emesse, in funzione della loro frequenza (o della loro lunghezza d'onda), doveva essere indipendente dalla natura del corpo, e dipendere solo dalla sua temperatura. Determinare questa formula era diventato uno dei problemi irrisolti della fisica di fine Ottocento.

———

Per saperne di più

Il corpo nero del PTR

Nonostante che il termine 'corpo nero' non sia appropriato, non è difficile realizzare un tale dispositivo in laboratorio. Basta prendere una sfera di metallo cava, e praticare un piccolissimo foro sulla sua superficie. Tutte le radiazioni, come quelle della luce, che entrano nella sfera attraverso il foro, sono imprigionate al suo interno, colpiscono le pareti, e sono completamente assorbite dagli atomi di cui queste sono costituite; in questo senso la cavità ha la funzione di un 'corpo nero' (a un osservatore esterno il forellino appare nero). D'altra parte, le radiazioni emessa dal foro, quando la temperatura delle pareti della cavità ha un determinato valore, costituiscono quella che è denominata 'radiazione di corpo nero' a quella temperatura. Nel 1895, Otto Lummer e Wilhelm Wien realizzarono al PTR il primo esemplare di 'cavità radiante', che funzionava come un 'corpo nero', ed era utilizzata per lo studio della radiazione di corpo nero.

––––––

Alla ricerca di una formula

La termodinamica e la teoria elettromagnetica della luce (Capitolo 1) erano dunque gli strumenti che la fisica classica offriva ai fisici teorici di fine secolo, per trovare una formula matematica che rappresentasse la forma della curva della radiazione di corpo nero, la cosiddetta 'curva a campana'.

Le formule di Wien e di Lord Rayleigh

Wilhelm Wien, il fisico che aveva scoperto come la lunghezza d'onda corrispondente al picco della curva cambia di valore al variare della temperatura del corpo (Capitolo 1), fu il primo ad affrontare il problema. Nel 1896, mentre lavorava come ricercatore all'istituto PTR, riuscì a ottenere, per via termodinamica, una formula che rappresentava la curva a campana, e che sembrava in accordo con i dati sperimentali. Quattro anni dopo, durante i primi mesi dell'anno 1900, in Inghilterra, l'autorevole Lord Rayleigh (John William Strutt) osservò che, utilizzando la formula di Wien, si ottenevano valori troppo alti dell'intensità della radiazione di corpo nero, in corrispondenza di grandi lunghezze d'onda (ossia, per radiazioni nella regione del lontano infrarosso). Il confronto tra la curva teorica e i risultati degli esperimenti non metteva in risalto questo fatto perché, a quei tempi, non si avevano a disposizione dati sperimentali affidabili in quell'intervallo di lunghezze d'onda.

Lord Rayleigh propose un'altra formula, le cui previsioni, confrontate con la curva sperimentale, erano in discreto accordo per grandi lunghezze d'onda. Tuttavia, al contrario della formula di Wien, le previsioni di Lord Rayleigh erano in stridente contrasto per piccole lunghezze d'onda, ossia, nella regione dell'ultravioletto. Infatti, in questa regione, la curva teorica indicava valori dell'intensità sempre più grandi, fino a tendere a infinito, incappando nella maledetta 'catastrofe ultravioletta' (Capitolo 1). [2] Questa era la confusione che regnava all'inizio del 1900, quando entrò in scena Max Planck.

Il professor Planck

Max Planck era nato a Kiel nel 1858, il quinto figlio di una famiglia dell'alta borghesia tedesca. Suo padre era un professore di diritto all'università della città, e suo nonno era stato professore di teologia all'università di Gottinga.

Nel 1867 la famiglia si trasferì a Monaco, dove il giovane Planck frequentò il *Maximilian Gymnasium*. Terminate le scuole superiori, esitò se consacrarsi alla musica o alla scienza, e nel 1874 decise di intraprendere gli studi di fisica e matematica all'università di Monaco. Dopo avere frequentato i primi tre anni, Planck si spostò all'università di Berlino, dove seguì le lezioni di Helmholtz e Kirchhoff, e del matematico Karl Weierstrass.

"Era chiaro che Helmholtz non preparava le sue lezioni. Procedeva faticosamente, e interrompeva il discorso per cercare i dati che gli mancavano in un piccolo taccuino; inoltre sbagliava continuamente i calcoli alla lavagna. Avevamo tutti l'impressione che fosse stufo di noi, almeno quanto noi di lui... Kirchhoff era l'opposto. Teneva lezioni

accuratamente preparate, ogni frase era ben costruita e collocata al posto giusto. Non una parola di meno, né una di troppo, ma pareva che recitasse a memoria. Ammiravamo lui, non quello che diceva". Così scriverà lo studente Planck nella sua autobiografia scientifica. [3]

A Berlino, Planck scoprì il suo interesse per la termodinamica, dopo avere studiato, per proprio conto, l'opera di Clausius. Nel 1880 ritornò a Monaco, e conseguì il dottorato, discutendo una tesi sul secondo principio. Poco dopo divenne assistente in quell'università, dove rimase quattro anni, e nel 1885 ottenne un posto di professore associato nella sua città natale. Nella primavera del 1888, dopo la morte di Kirchhoff, su raccomandazione di Helmholtz, fu invitato a occupare la cattedra vacante a Berlino: accettò, e divenne professore ordinario nel 1892.

Qui, nella più importante università dell'impero, il professor Planck teneva le sue lezioni di fisica teorica. Era un tipico docente tedesco, preparato e preciso, forse un po' monotono. *"Non usava appunti, non faceva mai errori, nessuna esitazione, il miglior docente che avessi mai avuto"*, dirà un suo studente inglese; mentre l'austriaca Lise Meitner, che divenne poi sua assistente, lo trovava *"poco avvincente, a volte impersonale"*. Era direttore dell'Istituto di Fisica Teorica, e membro della prestigiosa Accademia Prussiana delle Scienze. Era in contatto con i fisici sperimentali dell'istituto PTR, e continuava a condurre le sue ricerche nei settori della termodinamica (il secondo principio, e il concetto di entropia, erano i suoi argomenti preferiti), dell'elettromagnetismo, e della fisica statistica.

Viveva con la moglie e i figli in una villa, nel signorile quartiere di Grunewald, ai bordi dell'omonima foresta, e la sua casa era frequentata da amici e colleghi: Helmholtz, Wien, Rubens, il chimico Otto Hahn e Lise Meitner, il fisiologo Emil du Bois-Reymond, il famoso violinista József Joachim, storici, e filologi. I suoi svaghi erano la musica classica (aveva il dono dell'orecchio assoluto, e padroneggiava con abilità quasi professionale il pianoforte e l'armonio), e le escursioni in montagna (che praticò con passione per tutta la vita).

Un tè pomeridiano

Torniamo a quel fatidico 1900. Da alcuni anni Planck si era interessato al problema della radiazione di corpo nero. Egli aveva iniziato uno studio teorico, cercando di ricavare la formula di Wien, seguendo una propria linea di pensiero. Aveva elaborato un modello di corpo nero, costituito da atomi, contenenti particelle cariche di elettricità (gli elettroni). Questi assorbivano le radiazioni che li colpivano e, con rapide oscillazioni, le emettevano. Applicando la teoria elettromagnetica della luce e il secondo principio della termodinamica, Planck aveva ottenuto la formula di Wien. Ed ecco gli eventi che precipitarono la situazione, e lo portarono a una scoperta rivoluzionaria.

Nel febbraio del 1900, a una riunione della Società Tedesca di Fisica, Pringsheim (uno dei quattro sperimentatori del PTR) riportò dei risultati di alcuni esperimenti eseguiti insieme a Lummer, i quali erano in contrasto con i valori dell'intensità della radiazione di corpo nero, a grandi lunghezze d'onda, che derivavano dalla formula di Wien (proprio come aveva previsto Lord Rayleigh). Nei mesi successivi, l'altro gruppo del PTR, diretto da Rubens e Kurlbaum, ottenne dei risultati a lunghezze d'onda ancora più grandi (nella regione del lontano infrarosso), e questi risultati dimostravano che l'intensità della radiazione coincideva con quella calcolata con la formula di Lord Rayleigh. Conclusione: la formula di Wien era verificata per onde corte, e quella di Lord Rayleigh per onde lunghe.

Planck seppe dei risultati di Rubens e Kurlbaum nel pomeriggio di sabato 7 ottobre, quando Rubens e sua moglie andarono a fare visita alla sua famiglia. Appena ricevuta questa preziosa informazione, il professore cominciò immediatamente a studiare le implicazioni teoriche che essa comportava, e in poche ore ottenne una nuova formula empirica che, per le onde corte, coincideva con quella di

Wien, e per le onde lunghe con quella di Lord Rayleigh.

Racconta un suo studente:

"La sera stessa... [Planck] scrisse una cartolina postale a Rubens, sulla quale era riportata la formula, e che Rubens ricevette il giorno successivo... Dopo uno o due giorni, Rubens ritornò da Planck, con la notizia che la nuova formula era in perfetto accordo con le sue osservazioni [sperimentali]". [4]

Berlino, 14 dicembre 1900

La formula scoperta da Planck riproduceva correttamente la curva di emissione della radiazione di corpo nero per tutte le lunghezze d'onda (nelle regioni dell'infrarosso, del visibile, e dell'ultravioletto), e per tutte le temperature (la famosa curva a campana). Ora, Planck voleva andare più in profondità: voleva trovare la spiegazione fisica della sua formula empirica. Per raggiungere questo obiettivo, egli adottò l'interpretazione statistica che Boltzmann aveva dato della grandezza fisica, caratteristica del secondo principio della termodinamica: la ben nota entropia. Così scriverà nella sua autobiografia:

"Anche se la formula della radiazione era assolutamente accurata, essa continuava ad avere un valore limitato. Cercai di trovare il vero carattere fisico della formula, e questo problema mi portò automaticamente alle idee di Boltzmann. Dopo alcune settimane di lavoro, il più accanito della mia vita, la luce irruppe nelle tenebre, e una nuova e insperata prospettiva si aprì davanti a me".

L'insperata prospettiva era che, per utilizzare le idee statistiche di Boltzmann, Planck comprese che avrebbe dovuto considerare un nuovo meccanismo per descrivere l'assorbimento e l'emissione della radiazione da parte degli elettroni oscillanti. Dopo settimane di lavoro, la sua mente s'illuminò: gli elettroni non assorbono e non emettono l'energia, trasportata dalla radiazione, con continuità, come se fossero delle microscopiche antenne che trasmettono e ricevono le onde elettromagnetiche di tutte le frequenze. L'energia della radiazione è emessa e assorbita in maniera *discontinua*, solo a frequenze ben definite, sotto forma di *quantità discrete*. A queste quantità Planck diede il nome di *'quanti di energia'*. Inoltre, l'energia contenuta in un quanto (parola che in latino significa 'piccola quantità') è direttamente proporzionale alla frequenza (inversamente proporzionale alla lunghezza d'onda) dell'onda elettromagnetica che interagisce con gli elettroni degli atomi di materia. Solo grazie a questa idea rivoluzionaria, completamente estranea alla fisica classica, egli poté applicare le idee di Boltzmann e giungere alla formula corretta. Il problema della radiazione di corpo nero, che per decenni aveva afflitto la fisica di fine Ottocento, era risolto! Il 14 dicembre 1900 la nuova teoria fu presentata alla Società Tedesca di Fisica. Nasceva in quel giorno la *fisica quantistica*, e Planck ne era il padre fondatore.

Un atto di disperazione

L'idea rivoluzionaria di Planck era di ammettere che ogni particella con una carica elettrica oscillante non può assorbire o emettere qualsiasi quantità di energia (come insegnano la meccanica classica e l'elettromagnetismo classico), ma solo quantità discrete, date da multipli interi (1, 2, 3,…) dell'energia di un singolo quanto.

Come si propagano questi quanti di energia, una volta emessi dalle particelle oscillanti? Conservano la loro individualità? Oppure si sparpagliano nello spazio, sotto forma di onde oscillanti, mentre si allontanano dalle particelle che li emettono? Planck, nonostante avesse proposto la teoria più innovativa dei nostri tempi, non aveva la stoffa del rivoluzionario. Era uno spirito conservatore, saldamente ancorato ai valori della tradizione. Non avrebbe mai avuto l'audacia di abbattere una teoria classica, come la teoria ondulatoria della luce, senza sapere che cosa sostituirvi. Egli scelse una soluzione ibrida: l'emissione e l'assorbimento avvengono per quanti di energia, ma la radiazione si propaga nello spazio sotto forma di onde. La teoria ondulatoria classica, che da Young a Fresnel, fino a Maxwell, vantava un secolo di continui successi, era salva! Alcuni anni dopo descrisse quella scelta come 'un atto di disperazione'.

Così scrisse a un suo collega:

"Avevo… combattuto per sei anni con il problema dell'equilibrio tra radiazione e materia, senza arrivare ad alcun risultato soddisfacente. Una interpretazione dovevo trovarla, a qualsiasi prezzo". [4]

Il quanto d'azione h

Nella formula di Planck compare un numero, indicato con il simbolo 'h'. È una costante fondamentale della fisica, e fu denominato dallo stesso Planck '*quanto d'azione*'. Compare in tutte le formule della fisica dei quanti.

Moltiplicando h per la frequenza di una radiazione elettromagnetica si ottiene il valore dell'energia del quanto assorbito o emesso da una particella carica oscillante (per esempio, l'energia di un quanto corrispondente alla frequenza della luce violetta è il doppio dell'energia contenuta in un quanto corrispondente alla frequenza della luce rossa, perché la frequenza della luce violetta è il doppio di quella della luce rossa). Il quanto d'azione h attribuisce un valore numerico finito alla minima variazione di energia osservabile in natura, che in precedenza si supponeva uguale a zero. Oggi h è detta anche '*costante di Planck*', ed è il simbolo della fisica quantistica.

Mentre la formula di Planck della radiazione di corpo nero fu subito accettata dalla comunità dei fisici, perché si adattava come un guanto ai dati sperimentali, il quanto d'azione fu invece oggetto di scetticismo. Come il fisico olandese Peter Debye ricorderà: *"Non sapevamo se… fosse un qualcosa di fondamentalmente nuovo, oppure no"*.

Il prudente Planck cercò per anni, spinto dal suo spirito

conservatore, di inserire il quanto d'azione nell'ambito della fisica classica. Cercò di modificare la sua teoria con l'ipotesi che solo l'emissione, ma non l'assorbimento, avvenisse per quanti di energia. Anche questa seconda e alquanto ibrida versione non eliminava il quanto d'azione, che continuava ad annidarsi nella teoria. Scrisse nella sua autobiografia scientifica:

"Il mio vano tentativo di adattare in qualche modo il quanto d'azione alla teoria classica continuò per un certo numero di anni,... Alla fine mi resi conto che il quanto d'azione aveva per la fisica un significato assai più importante di quello che avevo inizialmente pensato".

––––––

Per approfondire

La curva a campana di Planck

Non è difficile intuire come l'idea di Planck possa spiegare la curva a campana, che rappresenta graficamente come varia l'intensità della radiazione di corpo nero in funzione della frequenza (o della lunghezza d'onda). Ad altissime frequenze, l'energia necessaria per emettere un quanto ha un valore molto grande, per cui solo qualche atomo emetterà un quanto che racchiude una quantità di energia così grande. A frequenze molto basse, i quanti emessi sono numerosissimi, ma ciascuno racchiude una quantità di energia così piccola che la quantità totale di energia emessa non è significativa. Solo nella banda centrale delle frequenze, il numero di particelle oscillanti è grande, e ogni particella dispone di un'energia sufficiente per emettere dei quanti che, sommati, producono il picco della curva a campana.

––––––

IL QUANTO DI LUCE

Lo strappo che non aveva avuto il coraggio di fare Planck, il rivoluzionario riluttante, lo fece un giovane venticinquenne, sconosciuto alla comunità scientifica dell'epoca: Albert Einstein.

Impiegato all'Ufficio Brevetti

Einstein era nato in Germania nel 1879, a Ulm, una tranquilla cittadina posta sulle rive del Danubio, da genitori ebrei con idee liberali. Un anno dopo la sua nascita, la famiglia si trasferì a Monaco e l'anno successivo nacque la sorella Maja. I due piccoli Einstein trascorsero un'infanzia serena, nella confortevole villa di famiglia, alla periferia della città. Il padre Hermann amava i classici tedeschi; la madre Pauline era appassionata di musica, e avviò il figlio allo studio del violino: a soli dodici anni, Albert eseguiva con abilità le sonate di Mozart e di Beethoven. Un giorno lo zio Jakob gli regalò un libro sulla geometria di Euclide: *"La lucidità e la certezza dei suoi contenuti fecero un'impressione indescrivibile"* su di lui.

Entrato nella scuola superiore, il *Luitpold Gymnasium*, Einstein si scontrò con la rigida disciplina delle scuole dell'impero. Si radicò in lui uno spirito di ostilità verso ogni tipo di autoritarismo. Scriverà: *"Gli insegnanti della scuola elementare sembravano dei sergenti, e quelli del ginnasio dei luogotenenti"*. Uno spiccato senso d'indipendenza lo portò a studiare per proprio conto: un modo di affrontare lo studio e la ricerca che lo accompagnerà per tutta la vita. (Ricordando quel periodo della sua gioventù, ebbe in seguito a dire: *"Tra i dodici e i sedici anni mi divenne familiare la matematica, incluso il calcolo differenziale e integrale"*).

Nel 1894, difficoltà economiche costrinsero la famiglia a trasferirsi in Italia, nella città di Pavia. Albert, che era rimasto a Monaco per terminare gli studi, si diede malato, e raggiunse i genitori. Poi cercò di essere ammesso al Politecnico di Zurigo (il famoso ETH, dalle iniziali di Eidgenössische Technische Hochschule), ma non avendo conseguito un diploma di scuola superiore, dovette affrontare un esame d'ammissione che non riuscì a superare. Andò allora per un anno a studiare al *Gymnasium* di Arau, in Svizzera, e nel 1896 poté finalmente iscriversi all'ETH. Ebbe insegnanti eccellenti (come il matematico Hermann Minkowski), ma lui preferì studiare per proprio conto le opere di Kirchhoff, Helmholtz, Maxwell, Hertz. I suoi amici erano Marcel Grossmann, suo compagno di studi, Michele Besso, e Mileva Marić, una giovane serba, studentessa di matematica.

Nell'estate del 1900 Einstein si laureò in fisica. Non riuscendo a ottenere quello cui aspirava, cioè, un posto di assistente all'ETH, si adattò a fare il maestro supplente, e a dare lezioni private. Nel 1902, il padre di Grossmann gli trovò un impiego all'Ufficio Brevetti di Berna, e un anno dopo, ormai diventato cittadino svizzero, sposò l'ex compagna di studi, Mileva (scriveva a un suo amico: "*Mileva si prende cura di ogni cosa, cucina molto bene, ed è sempre allegra*"). Nel mese di maggio 1904 nacque il loro primo figlio; Einstein ne fu felice.

Gli anni di Berna furono i più tranquilli e i più creativi della sua vita. Durante il tempo libero si interessava con passione della fisica contemporanea, leggendo le riviste scientifiche che trovava nella biblioteca dell'Ufficio Brevetti, e tra il 1901 e il 1904 scrisse quattro articoli su problemi di termodinamica e meccanica statistica, che furono pubblicati sulla rivista tedesca *Annalen der Physik*.

L'anno mirabile 1905

Finalmente arrivò il 1905, l'anno mirabile. In lui scoccò la scintilla del genio e nei mesi di marzo, maggio e giugno scrisse tre articoli che lo renderanno immortale. Così scriveva all'amico Konrad Habicht:

"Perché non mi ha ancora spedito la sua dissertazione? Non lo sa, miserabile, che io sarei uno degli 1 e 1/2 che la leggerebbe tutta con interesse e piacere? Le prometto in cambio quattro lavori, il primo dei quali potrò inviarlo entro breve tempo, dato che riceverò tra pochissimo le copie omaggio. Tratta della radiazione e delle proprietà energetiche·della luce, ed è molto rivoluzionario". [5]

(Il terzo lavoro, citato nella lettera all'amico Konrad, contiene la teoria del moto browniano, la quale costituirà la base per la prova della reale esistenza degli atomi. Il quarto è il famoso articolo sulla relatività ristretta.) Nel primo articolo, descritto come 'molto rivoluzionario', Einstein avanzò l'idea che la luce fosse composta di 'quanti di energia' (granelli concentrati di energia elettromagnetica, più tardi denominati *fotoni*). Egli scrisse:

"Quando un raggio di luce uscente da un punto si propaga, l'energia non si distribuisce in modo continuo, in uno spazio via via crescente; essa consiste invece di un numero finito di quanti di energia, localizzati in punti dello spazio, i quali si muovono senza dividersi, e possono essere assorbiti e generati solo nella loro interezza".

Secondo Einstein, l'energia trasportata da ciascun quanto di luce è direttamente proporzionale alla frequenza dell'onda luminosa: è la formula del quanto di energia di Planck! Egli, tuttavia, superò Planck: non solo formulò l'ipotesi che i quanti di energia partecipano ai processi di assorbimento e di emissione della luce da parte degli atomi, ma dimostrò che questa proprietà è inerente alla natura stessa della luce. Era un'idea decisamente rivoluzionaria. Essa contraddiceva la teoria di Maxwell, secondo la quale la luce è un'onda, e l'energia che essa trasporta è distribuita in tutto lo spazio, dove l'onda vibra e si propaga. Ora, invece, la luce è interpretata come costituita di granelli di energia elettromagnetica.

Semplice e geniale

In che modo Einstein giunse a questa conclusione? In un modo semplice e geniale allo stesso tempo. Innanzitutto utilizzò la formula di Wien, che è un'approssimazione della formula di Planck, ed esprime l'intensità della radiazione di corpo nero a piccole lunghezze d'onda (alte frequenze). Da questa ricavò, dopo avere applicato la termodinamica, una seconda formula che dava la quantità di energia della radiazione contenuta in un determinato volume. Dopodiché calcolò l'entropia di questa radiazione, e notò che la sua espressione matematica era identica a quella che e-sprimeva l'entropia di un gas (perfetto) di molecole. Ebbe così l'audacia di suggerire che la radiazione stessa si comporta come un gas di quanti di energia, i quali, come le molecole in un recipiente, rimbalzano tutto intorno, nel volume che li contiene, indipendentemente uno dall'altro. Nell'articolo scrisse:

"È giusto domandarsi se le leggi di emissione e trasformazione della luce corrispondono a quello che ci si aspetterebbe se fosse composta dagli stessi quanti. Nella prossima sezione ci occuperemo di questo problema".

È a questo punto che egli elabora la teoria dell'*effetto fotoelettrico*, per verificare la sua ipotesi dei quanti di luce.

L'effetto fotoelettrico

L'effetto fotoelettrico, ossia l'emissione di corpuscoli carichi di elettricità da parte di metalli colpiti dalla luce, era stato scoperto da Heinrich Hertz nel 1887. Dieci anni dopo, J.J. Thomson aveva chiarito che i corpuscoli emessi erano elettroni. Il fisico tedesco Philipp Lenard aveva poi eseguito altri esperimenti, i quali avevano messo in luce che nessun elettrone era emesso se la luce che colpiva la superficie del metallo aveva una frequenza inferiore a un certo valore minimo. Inoltre, se si aumentava l'intensità della luce, aumentava il numero di elettroni emessi, ma non la loro energia (o velocità). Queste osservazioni indicavano un tipo d'interazione tra luce e materia che non poteva essere spiegata con le onde elettromagnetiche.

L'equazione di Einstein

Nel suo articolo, Einstein dimostra che l'ipotesi dei quanti di luce spiega questi aspetti indicati da Lenard. Egli introduce così l'argomento:

"Il concetto comune che l'energia della luce sia distribuita con continuità nello spazio attraverso il quale essa si pro-

paga, incontra grandi difficoltà quando uno tenta di spiegare l'effetto fotoelettrico; queste difficoltà sono presenti in un lavoro pionieristico del sig. Lenard. Secondo la concezione che la luce consista di quanti di energia, la produzione di raggi catodici da parte della luce può essere spiegata nel seguente modo...".

Einstein assume che un quanto di luce che penetra nella superficie di un metallo, urta contro un atomo, e trasferisce tutta la sua energia a uno dei suoi elettroni. Questo elettrone è emesso dal metallo con un'energia che è la differenza tra l'energia del quanto di luce (proporzionale alla frequenza) e l'energia necessaria per strappare l'elettrone dall'atomo. Con questa equazione, nota come '*equazione dell'effetto fotoelettrico*', Einstein riesce a spiegare perfettamente gli aspetti oscuri del fenomeno.

È Newton che ritorna a sfidare Huygens? I fisici classici di fine secolo erano preoccupati. L'idea del quanto di luce, infatti, incontrò una forte opposizione. Scienziati illustri, come Hendrik Lorentz (dell'università di Leida, Olanda) e Planck, obiettavano che una teoria puramente corpuscolare della luce non poteva spiegare i fenomeni dell'interferenza e della diffrazione (Capitoli 1, 3), per i quali la teoria ondulatoria offriva una facile interpretazione.

ANCORA QUANTI

L'ascesa

I tre articoli del 1905 furono pubblicati sulla rivista *Annalen der Physik*, e permisero a Einstein di farsi conoscere nel mondo scientifico. Il primo a riconoscere l'originalità dei suoi lavori fu Planck. Lenard e Johannes Stark (i quali, dopo la prima guerra mondiale, si trasformeranno in accerrimi nemici) entrarono in corrispondenza con lui. Il grande Lorentz manifestò interesse per le sue teorie, e Max Laue, un giovane assistente di Planck, partì da Berlino e andò a Berna, espressamente per vedere chi fosse questo Einstein.

Nel 1906, Einstein conseguì il dottorato all'università di Zurigo, e verso la fine dell'anno trovò un'altra importante applicazione della fisica quantistica. Riguardava il calore specifico dei solidi, un vecchio e discusso problema che la fisica classica non era riuscita a risolvere.

I calori specifici

Nei primi decenni del 1800, i fisici avevano scoperto che per aumentare la temperatura di un grado di una certa unità di massa (chiamata 'mole') di un solido, si doveva fornire la stessa quantità di calore (in termini tecnici: il calore specifico di una mole era considerato una quantità costante). Questa regola poggiava sulla teoria cinetica della materia, la quale considerava i solidi come composti di particelle (gli atomi) che oscillano intorno alla loro posizione di equilibrio. Se il solido assorbe una certa quantità di calore, la sua temperatura aumenta perché aumenta la frequenza di oscillazione degli atomi. Tuttavia, alcuni esperimenti avevano reso evidente che, a basse temperature, alcune sostanze avevano un calore specifico minore. Questo fatto violava chiaramente la teoria classica.

Il problema fu affrontato da Einstein, estendendo il concetto del quanto di energia di Planck agli atomi che compongono un solido: l'energia di oscillazione di un atomo può avere solo valori discreti, multipli interi (1, 2, 3, ...) dell'energia di un singolo quanto. Egli ottenne così una formula per il calore specifico che spiegava le anomalie osservate, e che fu verificata da nuovi esperimenti.

Incontri a Salisburgo

Einstein rimase all'Ufficio Brevetti fino al 1909, anno in cui l'università di Zurigo gli offrì un posto di professore associato. Dopo un'assenza di otto anni, ritornò a vivere a Zurigo, città liberale e tollerante, tradizionalmente ospitale con gli stranieri. Era l'inizio della sua carriera accademica. Nel mese di settembre partecipò a un convegno a Salisburgo (Austria), dove incontrò, per la prima volta, molti dei maggiori scienziati dell'epoca, tra i quali: Planck, Stark, il fisico teorico Arnold Sommerfeld (dell'università di Monaco di Baviera), il chimico fisico Walther Nernst. Egli presentò le idee che aveva sviluppato sul concetto di quanto di luce del 1905. I risultati dei suoi calcoli indicavano che la luce poteva avere una doppia natura, ondulatoria e corpuscolare: esistevano i quanti di luce (granelli di energia radiante), ma il loro movimento si ricollegava alla propagazione di onde elettromagnetiche. Così espresse il suo (cauto) punto di vista sulla doppia natura della luce:

"Reputo che la prossima fase dello sviluppo della fisica teorica ci porterà una teoria della luce che potrà essere interpretata come un tipo di fusione della teoria ondulatoria e della teoria corpuscolare... [Queste due teorie] non devono essere considerate incompatibili tra di loro".

Newton e Huygens finalmente riconciliati? Ci vorranno circa vent'anni prima che il dualismo tra l'aspetto corpuscolare e quello ondulatorio della radiazione elettromagnetica sia risolto.

Rutherford e Planck, 1908

Torniamo a occuparci di Ernest Rutherford, il giovane fisico che nel 1897, al Cavendish Laboratory, aveva scoperto che le sostanze radioattive possono emettere due tipi di radiazioni: i raggi alfa e i raggi beta (Capitolo 1).

Nel 1898 si era trasferito a Montreal, in Canada, perché, con l'appoggio del suo maestro J.J. Thomson, era stato nominato professore di fisica all'università McGill. A Montreal, Rutherford ebbe a disposizione un laboratorio ben attrezzato, grazie al finanziamento di William Macdonald, un magnate del tabacco e un mecenate dell'università. Lo raggiunse dall'Inghilterra un giovane chimico, di nome Frederick Soddy, con il quale fece una serie di brillanti scoperte sui fenomeni della radioattività. Rutherford diventò così un fisico famoso. Teneva conferenze nelle università, dove illustrava i risultati delle sue ricerche. Nel 1907 si era resa vacante la cattedra di fisica all'università di Manchester. Fu offerta a Rutherford, il quale accettò, e fece ritorno in Inghilterra in quello stesso anno.

A Manchester, Rutherford continuò le ricerche sulle particelle alfa che aveva iniziato a Montreal. Nel 1908 scoprì la loro vera natura: esse sono ioni positivi bivalenti di elio (atomi di elio cui mancano due elettroni). Insieme al suo collaboratore, il fisico tedesco Hans Geiger, misurò la carica elettrica delle particelle alfa, e dedusse il valore della carica dell'elettrone (oggi è indicata con il simbolo 'e', ed è detta '*carica elementare*', perché è la più piccola carica elettrica libera esistente in natura). Il valore ottenuto da Rutherford era in ottimo accordo con quello che Planck aveva calcolato nel 1900, utilizzando la sua formula della radiazione di corpo nero e i risultati degli esperimenti eseguiti all'istituto PTR. (Anni dopo, Rutherford dichiarerà che era stato proprio questo accordo a persuaderlo definitivamente dei meriti della teoria dei quanti di Planck.)

Il Nobel a Rutherford

Nell'ottobre 1908 giunse a Manchester la notizia che l'Accademia Svedese delle Scienze aveva assegnato il Premio Nobel a Rutherford. La motivazione era: "*Per le sue ricerche sulla disintegrazione degli elementi, e la chimica delle sostanze radioattive*". Il premio, però, era per la chimica e non per la fisica. Una vera sorpresa per Rutherford! (Rispondendo a un messaggio di congratulazioni del chimico tedesco Otto Hahn, che era stato suo studente di ricerca alla McGill, scrisse: "*Devo confessare che la notizia del premio è stata una sorpresa, e che sono trasalito a causa della mia metamorfosi da fisico a chimico*").

Com'erano andate le cose a Stoccolma?

Innanzitutto, una breve digressione sul Premio Nobel. L'industriale e inventore svedese Alfred Nobel aveva disposto, nel suo testamento, che una cospicua parte del suo patrimonio fosse utilizzata per dei premi da assegnare a persone che avessero portato dei notevoli contributi alle scienze della fisica, chimica, e della fisiologia e medicina; altri due premi erano previsti per la letteratura e per la pace. La cerimonia per l'assegnazione del primo Premio Nobel avvenne a Stoccolma il 10 dicembre 1901, quinto anniversario della morte di Nobel. Per la fisica il premio fu assegnato a Wilhelm Röntgen per la scoperta dei raggi X. Anche le altre scoperte di fine Ottocento furono premiate: Henri Becquerel e i coniugi Curie ricevettero il premio nel 1903 per la scoperta della radioattività e di nuovi elementi radioattivi, e J.J. Thomson nel 1906 per la scoperta dell'elettrone. E ora veniamo ai premi del 1908.

Così racconta un membro dell'Accademia di allora:

"Rutherford era stato suggerito da molti proponenti per il premio per la fisica, ma in una riunione congiunta i due Comitati Nobel [quello per la chimica e quello per la fisica] decisero che sarebbe stato molto più opportuno, considerando il suo lavoro di fondamentale importanza per la ricerca chimica, assegnargli il premio per la chimica". [6]

E un altro membro, un fisico, così commentò:

"I fisici erano stati imbrogliati, cedendo ai chimici il loro migliore candidato, contro i loro stessi desideri".

(I chimici volevano fare valere i loro diritti nell'assegnare anche loro premi nel campo della radioattività.)

Il candidato Planck

Invece di Rutherford, il Comitato per la fisica, sulla base di un rapporto presentato da uno dei suoi membri più influenti, il chimico fisico Svante Arrhenius, decise di raccomandare, all'Accademia delle Scienze, Max Planck. Subito sulla stampa internazionale uscì la notizia che Planck sarebbe stato il Nobel di quell'anno. L'Accademia, influenzata dal matematico Gösta Mittag-Leffler, bloccò la candidatura di Planck, e assegnò il premio al fisico francese Gabriel Lippmann. L'attacco sferrato da Mittag-Leffler riguardava l'ipotesi dei quanti di energia. Dichiarò:

"La derivazione della legge della radiazione è basata su un'ipotesi completamente nuova, la quale può difficilmente essere considerata plausibile, cioè quella del quanto elementare di energia... Una valutazione del suo valore, in questo momento, crea grandi difficoltà... Si deve perciò preferire il rinvio di un giudizio definitivo". [7]

Mittag-Leffler ebbe così anche la soddisfazione di vedere sconfitto il suo eterno rivale, Arrhenius. (Mittag-Leffler era un membro molto influente dell'Accademia. Circolava allora la voce che Alfred Nobel non avesse incluso la matematica tra le discipline del premio perché una sua fidanzata lo aveva abbandonato, preferendogli Mittag-Leffler. Tuttavia, non è mai stato provato che la voce non fosse altro che puro gossip!). [8]

LA REALTÀ FISICA DEGLI ATOMI

Fino all'inizio del Novecento, l'atomo era rimasto un'entità vaga, la cui esistenza era suggerita da molti indizi, ma non da una diretta verifica sperimentale. Alla fine i sostenitori dell'esistenza degli atomi vinsero, non perché riuscirono a osservare direttamente gli atomi (sono troppo piccoli per essere visti, anche con i più potenti microscopi di allora), ma perché essi impararono come determinare le loro masse e le loro dimensioni. Tutto ciò avvenne nel primo decennio del secolo.

Il moto browniano

Negli anni 1820, il botanico scozzese Robert Brown scoprì uno strano e curioso fenomeno. Durante le sue osservazioni al microscopio, Brown aveva visto che minute particelle in sospensione in un liquido, come i granuli di polline presenti in una goccia d'acqua, erano sottoposte a un incessante movimento, il quale avveniva in modo irregolare e del tutto imprevedibile. Brown pensò che fosse dovuto a qualche microrganismo, ma verificò che lo stesso fenomeno avveniva anche con particelle di materiale inorganico. Esclusa l'origine biologica del moto, che fu in seguito detto 'browniano', si pensò che il movimento delle particelle sospese fosse dovuto agli urti che esse subivano da parte delle molecole del liquido stesso: una particella, colpita da tutti i lati da numerose molecole, rimbalza e si muove caoticamente in tutte le direzioni. Come non si vedono le onde del mare a grandi distanze, ma si attribuisce a quelle onde il movimento di una barca, così noi non riusciamo a vedere il moto delle molecole, ma lo possiamo dedurre dall'agitazione delle particelle sospese nel liquido.

Lo studio di questa incessante agitazione browniana offrirà, agli inizi del Novecento, la prova sperimentale della struttura atomica della materia.

La teoria di Einstein

Verso la fine dell'Ottocento, il moto browniano attirò l'attenzione di molti fisici teorici, tra questi anche quella del giovane Einstein. Nel secondo dei quattro articoli, citato nella lettera all'amico Konrad Habicht, e pubblicato nello stesso anno 1905, egli espose una teoria del moto browniano, dove dimostrava che la legge dei gas perfetti, ottenuta dalla teoria cinetica, governava anche il comportamento delle particelle sospese in un liquido; inoltre, permetteva di provare la realtà degli atomi e delle molecole.

In effetti, se si conoscono le dimensioni delle particelle in sospensione nel liquido, la misura dei loro spostamenti medi permette di calcolare il numero di Avogadro, grazie al quale si determinano le dimensioni delle molecole. (Il numero di Avogadro prende il nome da Amedeo Avogadro, uno scienziato italiano dei primi decenni dell'Ottocento. Esprime il numero di atomi contenuti nella quantità di sostanza detta 'mole'.)

Gli esperimenti di Perrin

Sarà il fisico francese Jean Perrin a verificare sperimentalmente la teoria di Einstein. Perrin, che in quegli anni (1908) lavorava all'università Sorbonne di Parigi, usò un potente microscopio, che lui stesso aveva costruito, e studiò con grande precisione il moto caotico di minute particelle colloidali sospese in acqua. Determinò i parametri caratteristici del loro moto, verificò la formula dedotta dalla teoria di Einstein, ottenne il numero di Avogadro, e la dimensione e la massa delle molecole dell'acqua, nella quale avveniva il moto. Avendo dimostrato gli effetti meccanici dei microscopici atomi e molecole, Perrin mise fine allo scetticismo riguardo alla loro realtà fisica. Nel suo libro *Les Atomes*, pubblicato nel 1913, scrisse:

"La teoria atomica ha trionfato. Fino ai tempi recenti, i suoi avversari, ancora numerosi, alla fine sconfitti, rinunciano uno dopo l'altro a difese che furono..., senza dubbio, utili".

L'atomo e la sua struttura

Fino agli ultimi anni del secolo, non erano pochi gli scienziati che pensavano agli atomi come entità indivisibili. Tuttavia, nel 1899, J.J. Thomson annunciò che l'atomo era divisibile: egli era riuscito a ionizzare gli atomi di un gas, ossia, era riuscito a strappare degli elettroni dai singoli atomi, ottenendo degli ioni positivi (atomi privi di alcuni elettroni). Era diventato sempre più evidente che anche i fenomeni della radioattività si spiegavano in termini di atomi divisibili.

Scriveva Marie Curie:

"Gli atomi [radioattivi], indivisibili dal punto di vista della chimica, sono ora divisibili".

Lo stesso Thomson cercò di escogitare un modello per descrivere come era fatto un atomo. Nel 1903 scriveva: *"L'atomo di idrogeno contiene circa un migliaio di [elettroni]"*.

Tre anni dopo, però, ci ripensò, e ridusse considerevolmente quel numero. Essendo gli atomi neutri dal punto di vista elettrico, egli si poneva la domanda di come era neutralizzata la carica elettrica negativa degli elettroni. A quel punto, Thomson propose un curioso modello: immaginò che gli elettroni fossero immersi all'interno di una sfera di carica elettrica positiva, uguale e contraria alla somma delle cariche negative degli elettroni. Questi erano attratti dal centro della sfera, e si respingevano reciprocamente secondo la legge di Coulomb della forza elettrica [9]. Il modello fu denominato 'modello a panettone' (in inglese: 'plum pudding model'), perché gli elettroni, nella visione di Thomson, erano inseriti all'interno della sfera positiva, come i canditi in un panettone.

L'esperimento cruciale

Fu l'allievo Rutherford a indagare se il modello del maestro era valido o no. Verso la fine del decennio (anni 1908-1909) eseguì, nel suo laboratorio di Manchester, una serie di esperimenti, che furono cruciali per comprendere la struttura dell'atomo. L'idea di Rutherford era geniale: fare passare delle particelle alfa (atomi di elio ionizzati, con carica elettrica positiva), emesse da una sorgente radioattiva, attraverso un sottile strato di materia. Le particelle alfa erano come dei proiettili, lanciati a grande velocità contro una schiera di atomi bersaglio, di cui era composto lo strato di materia. Da come i proiettili erano deviati dalla loro traiettoria rettilinea, si potevano ricavare indicazioni sulla struttura dell'atomo.

Un evento incredibile

Rutherford aveva come collaboratori Hans Geiger, il giovane fisico tedesco che, insieme a lui, aveva misurato la carica delle particelle alfa, e Ernest Marsden, uno studente di ricerca, neozelandese come il suo illustre professore. Il loro compito era di osservare, attraverso un microscopio, i piccolissimi bagliori che le particelle alfa producevano su uno schermo fluorescente, dopo avere attraversato una sottile lamina di metallo (prima di iniziare le misure, Geiger e Marsden dovevano rimanere per circa mezz'ora al buio, per abituare i loro occhi a vedere i deboli puntini luminosi prodotti dalle particelle alfa sullo schermo fluorescente!). In questo modo contavano il numero di particelle alfa che erano deviate ai diversi angoli, rispetto alla direzione rettilinea delle particelle proiettile.

"*Un giorno*", Marsden ricorderà più tardi, "*Rutherford entrò nella stanza, dove stavamo contando le particelle alfa, e disse: 'Guardate se potete vedere qualche effetto dovuto a particelle alfa direttamente riflesse dalla superficie del metallo'* ".

Geiger e Marsden si misero subito al lavoro e, sbigottiti, trovarono che, in media, una particella alfa, su ottomila che attraversavano lo strato di metallo, era rimbalzata all'indietro. Subito andarono a comunicare a Rutherford l'inatteso risultato. Il professore, anche lui sbalordito, si dice che raccontasse ai suoi colleghi:

"*Fu l'evento più incredibile che accadde nella mia vita. È almeno incredibile come se voi sparaste un proiettile da 15 pollici contro un foglio di carta e quello ritorna indietro e vi colpisce*".

Grazie al suo genio, Rutherford riuscì a spiegare gli strani risultati di Geiger e Marsden, e giunse a una conclusione che sconvolgeva qualsiasi previsione.

A cena dai Rutherford

Charles Galton Darwin, nipote del celebre naturalista Charles Darwin (il fondatore della moderna teoria evoluzionistica), era un ricercatore del gruppo di Manchester. Così racconta gli avvenimenti di una serata memorabile, pochi giorni prima del Natale 1910:

"*Una delle grandi esperienze della mia vita, fu quando, una domenica sera i Rutherford invitarono alcuni di noi a cena, e dopo cena, la teoria nucleare emerse... Rutherford ipotizzò una carica centrale nell'atomo (era uno o due anni prima che fosse denominata nucleo), la quale respingeva le particelle alfa secondo le ordinarie leggi dell'elettricità".* [10]

Finalmente, nel mese di maggio 1911, l'articolo con il quale Rutherford presentava il suo '*atomo nucleare*' fu pubblicato sulla rivista *Philosophical Magazine*. Ecco come Marsden riassunse i punti salienti:

"Rutherford aveva dimostrato che la diffusione delle particelle alfa da parte della materia poteva essere spiegata supponendo che l'atomo consistesse di una carica positiva centrale, concentrata in una sfera di raggio inferiore a tre milionesimi di milionesimi di centimetro, e circondata da elettricità di segno opposto, distribuita nella parte rimanente del volume dell'atomo, di raggio pari a circa un centesimo di milionesimo di centimetro". [11]

I risultati di Rutherford escludevano quindi che l'atomo fosse quello immaginato da J.J. Thomson: un atomo così fatto non avrebbe potuto diffondere le particelle alfa a grandi angoli. L'atomo è invece formato da un nucleo centrale con carica positiva, nel quale è concentrata più del novanta per cento della massa dell'atomo stesso. Intorno al nucleo si muovono incessantemente gli elettroni, particelle molto più leggere, ciascuna con una carica negativa. Il nucleo ha una carica positiva uguale e opposta alla somma delle cariche degli elettroni esterni, e il suo diametro è circa diecimila volte più piccolo di quello dell'atomo.

La prima Conferenza Solvay, 1911

Nella primavera del 1910, Walther Nernst (allora professore di chimica fisica all'università di Berlino) incontrò l'industriale belga Ernest Solvay, il quale aveva inventato un nuovo metodo per la produzione industriale della soda (carbonato di sodio). Solvay aveva fondato la società Solvay & Company, aveva accumulato enormi ricchezze, e utilizzava parte della sua fortuna in attività sociali e per favorire lo sviluppo della scienza. Nernst era a conoscenza degli interessi scientifici di Solvay, e gli suggerì di finanziare un convegno sulla nuova fisica, che stava sorgendo in quegli anni.

Solvay accettò con entusiasmo, e il 30 ottobre 1911, diciotto tra i più noti fisici del momento arrivarono a Bruxelles per partecipare alla prima Conferenza Solvay, ospitati all'hotel Metropole. La conferenza era presieduta da Hendrik Lorentz, e l'argomento della discussione era: '*La teoria della radiazione e i quanti*'.

Planck, Nernst, Einstein, Rutherford, Sommerfeld, Wien, Rubens, Marie Curie, Perrin, Marcel Brillouin, Paul Langevin, Maurice de Broglie, Poincaré, tutti parteciparono al dibattito sulla radiazione di corpo nero, sui quanti di energia, e sui quanti di luce.

La conferenza del 1911 fu il primo di una lunga serie di incontri tra i massimi esperti della fisica quantistica.

------ o ------

Aneddoti e frammenti

Marcel Brillouin

"Sembra ormai certo che bisognerà introdurre nelle nostre concezioni fisiche e chimiche una discontinuità, un elemento variabile per salti, del quale noi non avevamo alcuna idea qualche anno fa. Come introdurlo?... Sarà necessario sconvolgere le fondamenta stesse dell'elettromagnetismo e della meccanica classica, invece di limitarsi ad adattare la nuova discontinuità alla vecchia fisica?".

(Conferenza Solvay, 1911)

Max Laue

"Vorrei dirvi quanto mi abbia fatto piacere che voi abbiate abbandonato la vostra ipotesi del quanto di luce".

(Da una lettera a Einstein, 1907)

Planck

"Quando si pensa alla conferma sperimentale che ha ricevuto l'elettromagnetismo di Maxwell,... quando si pensa alle difficoltà... che il suo abbandono porterebbe per tutte le teorie dei fenomeni elettrici e magnetici, si prova d'istinto qualche ripugnanza a rovinarne le fondamenta. Per questa ragione noi lasceremo da parte in ciò che segue l'ipotesi dei quanti di luce... Ammetteremo che tutti i fenomeni che hanno sede nel vuoto siano esattamente retti dalle equazioni di Maxwell, le quali non hanno alcuna connessione con la costate h".

(Conferenza Solvay, 1911)

Einstein

"Insisto sul carattere provvisorio del concetto [del quanto di luce] che non sembra riconciliabile con le conseguenze, verificate sperimentalmente, della teoria ondulatoria".

(Conferenza Solvay, 1911)

Arnold Sommerfeld

"Einstein trasse le più radicali conseguenze dalla scoperta di Planck del quanto d'azione,... senza, come io credo, mantenere oggi il suo originario punto di vista in tutta la sua audacia".

(da un articolo di Sommerfeld, 1912)

Hendrik Lorentz

Nel 1909, Lorentz dichiarò che egli credeva *"nell'ipotesi di Planck dei quanti di energia"*, ma che aveva forti riserve sui *"quanti di luce, i quali mantengono la loro individualità durante la loro propagazione"*.

Un fallimento in aritmetica!

"Una volta Einstein invitò il famoso pianista A. Schnabel per un weekend musicale. I due stavano provando una intricata sonata di Morzat ma Einstein aveva qualche problema nel seguire lo spartito. Alla fine, dopo numerose spiegazioni, Schnabel cominciò a irritarsi. Picchiò le mani sulla tastiera e disse: 'No, no, Albert. Santo Cielo, non sei capace di contare? Uno, due, tre, quattro...' ".

(David Wells) [12]

Max Planck

"Suonare il pianoforte ogni giorno portava armonia ed equilibrio alla sua vita; la musica gli permetteva anche di avere contatti sociali, che la sua riservatezza e il suo atteggiamento distaccato gli avrebbero potuto, altrimenti, rendere difficili. Essa gli offrì delle possibilità di compagnia, come durante i trii che suonava con Einstein e suo figlio Erwin".

"La vita lavorativa di Planck fu dedicata all'avanzamento della scienza, e in accordo con la tradizione umanistica nella quale era cresciuto... Molte cose della sua vita le considerava evidenti: l'attaccamento alla famiglia e alla patria, il senso del dovere, e la passione per il lavoro".

"Planck fu anche un appassionato alpinista, fino a tarda età. Per lui, come per molti... altri, le escursioni sulle Alpi erano una gioia - gioia nel piacere della solitudine, nella bellezza della natura, nello sforzo della concentrazione, e nel raggiungimento della meta".

(*Fritz Stern*) [13]

Musica e arte (*Einstein*)

"La musica era la sua passione... I compositori che preferiva erano...: Mozart, Bach, Vivaldi, Corelli, Scarlatti".

"Nelle arti visive, egli preferiva, evidentemente, gli antichi maestri. Gli sembravano più 'convincenti' (egli usava questa parola) dei maestri dei nostri tempi".

(*Abraham Pais*) [14]

Lieserl

"Nel mese di maggio 1901, Albert e Mileva scoprirono che lei era incinta... Nel mese di gennaio 1902, il padre di Mileva informò [Albert] della nascita di [una bambina di nome] Lieserl... Da una lettera di Albert a Mileva sappiamo che Lieserl contrasse la scarlattina... Nella stessa lettera egli domandava come Lieserl era registrata... Non abbiamo documenti su ciò che accadde a Lieserl; non si sa se sia morta. La conclusione più probabile è che sia stata adottata [da un'altra famiglia]".

(*Fritz Stern*) [13]

Newton (*e la radiazione di corpo nero*)

"È vero che tutti i corpi solidi, quando sono scaldati oltre a un certo grado, emettono luce e risplendono; e questa emissione è prodotta dai moti vibratori delle loro parti?".

(*Isaac Newton, Opticks, 1704*)

Ernest Rutherford

Rutherford era un parlatore esuberante ma, durante le lezioni, cominciava a vacillare quando doveva manipolare delle equazioni algebriche. Egli, a volte, si voltava verso gli studenti, apostrofandoli: *"State tutti lì seduti come degli ebeti, e nessuno mi dice dove ho sbagliato"*.

Un giorno Rutherford disse a un collega: *"Ho appena riletto alcuni dei miei primi lavori, e mi sono detto: 'Ernest, ragazzo mio, sei un tipo maledettamente intelligente' "*.

(*Walter Gratzer*) [15]

"Come scienziati i due erano uno l'opposto dell'altro. Einstein tutto calcolo, Rutherford tutto esperimento. Era fuori dubbio che come sperimentatore Rutherford era un genio, uno dei più grandi geni. Egli lavorava con l'intuito, e ogni cosa che toccava si trasformava in oro".

(*Chaim Weizmann*) [16]

Einstein al Gymnasium

"Insegnanti autoritari, studenti servili, imparare a memoria: niente di tutto ciò gli era congeniale. Inoltre, egli aveva una naturale antipatia per... la ginnastica e lo sport... Aveva facilmente dei capogiri e si sentiva stanco. Era isolato e non aveva amici".

L'Accademia Olimpia

"Einstein, Solovine, e un altro amico, Konrad Habicht, si incontravano regolarmente per discutere di filosofia, fisica, e letteratura... Essi solennemente si consideravano i fondatori e gli unici membri dell'Accademia Olimpia".

(*Abraham Pais*) [14]

------ o ------

3

L'ATOMO QUANTISTICO

Planck e Einstein avevano introdotto il concetto del '*quanto*' nei fenomeni riguardanti la radiazione. Nel 1913, un giovane danese, Niels Bohr, utilizzò lo stesso concetto per descrivere la materia, e introdusse l'*atomo quantistico*.

RADIAZIONI E SALTI QUANTICI

I raggi X sono onde

Parliamo ora dei raggi X, i quali, come ricorderete, furono scoperti una sera del novembre 1895 a Würzburg, in Baviera. Finalmente, dopo diciassette anni, la loro vera natura è rivelata. Infatti, nell'estate del 1912, Max Laue e i suoi due collaboratori, Walter Friedrich e Paul Knipping, scoprirono che i raggi X sono onde elettromagnetiche, della stessa famiglia delle onde luminose. La sola differenza è che hanno una lunghezza d'onda molto più piccola: meno di un millesimo di quella della luce visibile.

La scoperta di Laue

Max Laue era stato un assistente di Planck a Berlino, e nel 1909 era diventato un professore associato dell'università di Monaco. Qui, i fisici più prestigiosi erano: Arnold Sommerfeld, che insegnava fisica teorica, e Wilhelm Röntgen, lo scopritore dei raggi X. Era quindi naturale per Laue interessarsi di queste misteriose radiazioni. A Monaco, inoltre, insegnava Paul von Groth, un'autorità mondiale nel campo della cristallografia. Con lui, Laue aveva avuto lunghe discussioni sulla teoria dei cristalli, la quale descriveva un cristallo come un oggetto, costituito da atomi con una disposizione geometrica regolare, detta 'reticolo spaziale'.

Ricerche precedenti avevano indicato che, se i raggi X avessero avuto le stesse caratteristiche delle onde luminose, la loro lunghezza d'onda avrebbe dovuto essere di circa un decimo di nanometro (un nanometro è uguale a un milionesimo di millimetro). Laue intuì che avrebbe potuto inviare sul reticolo di un cristallo dei raggi X, e vedere se all'uscita, dopo che i raggi avevano attraversato il cristallo, si formava una figura di *diffrazione*. Questa sarebbe stata la prova che i raggi X erano effettivamente delle onde. (Il reticolo cristallino è un oggetto naturale, adatto per un esperimento di questo genere, perché la distanza tra gli atomi del reticolo è dello stesso ordine di grandezza delle lunghezze d'onda che avrebbero dovuto avere i raggi X.)

Laue, che era un esperto di ottica, sapeva bene che questa era la condizione perché l'interferenza delle onde che attraversavano il reticolo producesse la figura di diffrazione. Egli progettò l'esperimento, e Friedrich e Knipping lo eseguirono. Il risultato fu che sulle lastre fotografiche, poste dietro il cristallo, videro una chiara figura di diffrazione, fatta di punti luminosi. Ricorda Laue:

"*Immediatamente, fin dall'inizio, la lastra fotografica posta dietro il cristallo rivelò la presenza di un numero considerevole di raggi deflessi... Questi erano gli spettri del reticolo che erano stati previsti*".

Nel mese di giugno 1912, Sommerfeld presentò all'Accademia delle Scienze di Monaco il lavoro di Laue, Friedrich e Knipping, corredato delle fotografie che provavano, con certezza, che i raggi X erano delle onde. (Per questa scoperta, due anni dopo, Max Laue riceverà il Premio Nobel.)

———

Le figure di diffrazione

La *diffrazione* è la deviazione dalla linea retta della propagazione delle onde luminose, quando piccolissimi fori o piccolissimi oggetti si trovano sul loro cammino. Esempio: se un forellino molto piccolo (dimensioni inferiori al millimetro) è illuminato con un fascio di luce, su uno schermo non vedremo un dischetto chiaro con i bordi netti: la luce si smorzerà gradualmente, passando al fondo scuro, con una serie di anelli concentrici (le frange), alternativamente chiari e scuri (creati dall'interferenza delle infinite onde luminose diffratte dal forellino), e che costituiscono la *figura di diffrazione*. Nel caso dei raggi X, le onde elettromagnetiche (le quali hanno lunghezze d'onda molto più piccole di quelle della luce visibile) sono diffratte dagli atomi del cristallo, e formano su uno schermo delle figure di diffrazione, la cui forma dipende dalla disposizione degli atomi nel reticolo spaziale.

———

Un danese a Cambridge

Nel 1911, Niels Bohr aveva ventisei anni. Era nato a Copenaghen, in una famiglia dell'alta borghesia. Suo padre era un noto fisiologo, e professore nella locale università. Sua madre proveniva da una facoltosa famiglia di banchieri e politici ebrei. Gli interessi scientifici e le capacità intellettuali di Niels trovarono, in famiglia, un'atmosfera aperta e stimolante.

Bohr studiò matematica e fisica all'università di Copenaghen, dove si laureò nel 1909, e dove conseguì il dottorato nel 1911, con una tesi sulla teoria degli elettroni nei metalli. Suo fratello Harald, di due anni più giovane, si laureò in matematica un anno dopo, quando aveva appena ventidue anni. In gioventù, Harald era più famoso di Niels, non tanto per i suoi successi negli studi (diventerà un eccellente matematico, apprezzato in tutto il mondo), ma soprattutto perché era uno dei migliori calciatori della Danimarca. Per alcuni anni aveva giocato come mezzala nella nazionale, e aveva conquistato la medaglia d'argento per la Danimarca ai Giochi Olimpici di Londra del 1908. Anche Niels era un discreto giocatore, nel ruolo di portiere, ma riuscì appena a diventare una riserva della nazionale. *"Sì, Niels era molto bravo, ma era troppo lento nell'uscire"*, dirà il suo più giovane fratello. (Un loro compagno di studi scrisse: *"I due erano inseparabili. Non ho mai visto due persone così legate l'una all'altra"*). Il migliore amico di Niels sarà, infatti, per tutta la vita, il fratello Harald.

Una cena al Cavendish

Nel mese di settembre del 1911, Niels Bohr andò a Cambridge, per continuare gli studi con J.J. Thomson, al Cavendish Laboratory, grazie a una borsa di studio che gli era stata assegnata dalla Fondazione Carlsberg (la fondazione creata dal proprietario della famosa fabbrica di birra Carlsberg). Era timido e parlava un orribile inglese; ma era deciso, e voleva collaborare addirittura con Thomson, per approfondire l'argomento della sua tesi di dottorato. Thomson era una persona molto riservata; fu gentile con Bohr, ma in quel periodo era attratto da altri problemi della fisica, e non si occupò della tesi del giovane danese. Bohr rimase deluso, e cominciò a meditare di sfruttare la sua borsa di studio in qualche altro centro di ricerca.

Accadde allora un evento inatteso, che sarà cruciale per la sua futura carriera. Nel mese di dicembre, prima del Natale, arrivò a Cambridge Rutherford, per partecipare alla cena annuale degli studenti di ricerca del Cavendish Laboratory. Bohr fu *"profondamente impressionato dalla forza della sua personalità"*. Alcune settimane dopo, andò a Manchester, a trovare un collega di suo padre, stretto amico di Rutherford. Qui ebbe l'occasione di incontrare il celebre professore, e gli chiese se poteva venire a Manchester, e associarsi al gruppo che lavorava nel suo laboratorio a quei tempi il più famoso centro per gli studi sulla radioattività. Rutherford rispose che era possibile, ma solo dopo che avesse trovato un accordo con Thomson.

Bohr e l'atomo quantistico

Thomson non oppose alcun ostacolo, e così nel mese di marzo 1912 Bohr lasciò Cambridge e raggiunse Manchester. Qui fu inserito nel gruppo dei giovani ed entusiasti ricercatori di Rutherford: Geiger e Marsden continuavano a occuparsi della diffusione delle particelle alfa; Charles Galton Darwin e Henry Moseley studiavano i raggi X emessi dagli atomi; James Chadwick e George de Hevesy lavoravano sulla radioattività. Il mitico tecnico, Mr. Kay, li aiutava a risolvere qualsiasi tipo di problema che si fosse presentato ai loro apparati sperimentali. Rutherford seguiva da vicino le loro ricerche, discuteva con loro i risultati, e molto spesso forniva le idee a chi ne aveva bisogno. De Hevesy era un giovane e distinto nobiluomo ungherese, brillante chimico, e molto ammirato per il fascino che esercitava sulle giovani signore. Fece subito amicizia con il giovane Bohr e lo introdusse nella vita sociale dell'università. Niels così scriveva al fratello Harald:

"Puoi immaginare quanto sia bello stare qui, dove c'è tanta gente con cui parlare..., e il professor Rutherford segue tutto ciò in cui crede ci sia qualcosa di interessante. Negli ultimi anni ha elaborato una teoria sulla struttura degli atomi, che sembra avere delle basi più solide di tutte le altre che sono state proposte finora". [1]

Appena giunto a Manchester, Bohr cominciò a frequentare un corso sulle tecniche di rivelazione della radioattività. Lui stesso ricorderà anni dopo:

"Passarono poche settimane e andai da Rutherford per dirgli che avrei preferito concentrarmi su argomenti di carattere teorico".

Rutherford, nonostante non avesse molta simpatia per le teorie, accontentò il giovane borsista, e così Bohr cominciò ad approfondire il modello dell'atomo nucleare, che il professore aveva proposto l'anno precedente. Subito intravide la possibilità di poterlo utilizzare come base per sviluppare le sue idee sulla struttura degli atomi.

Nel mese di giugno scrisse al fratello:

"*Forse ho trovato qualcosa che riguarda la struttura degli atomi. Non parlarne in giro... Cerca di capire, potrebbe essere tutto sbagliato... Non credo però che Rutherford pensi che l'idea sia completamente pazza... Credimi, non vedo l'ora di finire, e per questo mi sono assentato un paio di giorni dal laboratorio*". [1]

Rimase a Manchester fino alla fine di luglio. Dopo ritornò a Copenaghen per sposare la signorina Margrethe Nørlund. Nell'autunno tenne delle lezioni all'università, e nei mesi successivi completò la sua opera. Nel mese di marzo 1913 inviò il manoscritto del suo primo articolo a Rutherford, il quale gli rispose che lo trovava troppo lungo, e gli propose di accorciarlo. Bohr, preoccupato, si precipitò a Manchester a difendere il suo lavoro. Educato e cortese come sempre, ma con grande determinazione, convinse il rude professore.

"*[Rutherford] dimostrò con me una pazienza angelica, e dopo discussioni che durarono per alcune lunghe serate, durante le quali dichiarò che non avrebbe mai creduto che fossi così ostinato, acconsentì a lasciare nel lavoro finale tutti i punti, vecchi e nuovi*", dichiarerà in seguito. [2]

E così il primo dei tre articoli scritti da Bohr (noti come 'la trilogia') fu pubblicato nel numero di luglio della rivista inglese *Philosophical Magazine*. Questo primo articolo riguardava l'atomo di idrogeno, mentre gli altri due consideravano atomi con più elettroni, e le molecole. Scriverà il suo allievo prediletto, Werner Heisenberg:

"*I tre famosi articoli... costituirono il fondamento della reputazione... di Bohr... L'atomo di Bohr, sebbene sia poi stato superato dal punto di vista scientifico, persiste ancora oggi nelle menti di molte persone. Esso è una vivida rappresentazione di come gli atomi sono immaginati*".

Le orbite stazionarie

Le idee di Bohr erano molto audaci. Innanzitutto formulò l'ipotesi che gli elettroni ruotassero intorno al nucleo di un atomo su delle orbite particolari, che egli chiamò '*orbite stazionarie*'; e che su queste orbite, l'energia di un elettrone (energia cinetica + energia potenziale) rimanesse costante. Questo significava che l'elettrone non avrebbe potuto perdere energia, emettendola sotto forma di radiazioni elettromagnetiche. Secondo, l'elettrone poteva emettere energia solo quando passava da un'orbita stazionaria a un'altra più bassa (di raggio inferiore). Per compiere invece una transizione su un'orbita superiore, un elettrone doveva assorbire una certa quantità di energia. Infine, Bohr utilizzò il concetto del quanto d'azione di Planck, per caratterizzare le orbite stazionarie, imponendo che l'energia dell'elettrone su tali orbite potesse avere solo valori discreti (1, 2, 3,...).

I livelli di energia

Nel modello di Bohr, a ogni orbita stazionaria corrisponde un '*livello di energia*'. La presenza dei livelli di energia discreti impone che la frequenza della luce emessa o assorbita dall'atomo, quando uno dei suoi elettroni passa da un livello a un altro, abbia anch'essa valori discreti. Essa è uguale alla differenza dell'energia tra i due livelli divisa per la costante di Planck *h*. Bohr calcolò le frequenze tra i differenti livelli dell'atomo di idrogeno, e constatò che esse erano in accordo con i risultati degli esperimenti. [3]

Per approfondire

Bohr spiega l'atomo di idrogeno

Bohr si concentra sull'atomo di idrogeno, il più semplice degli atomi esistenti in natura. Si sapeva che era composto da un elettrone di carica negativa, e un nucleo con una carica uguale e di segno opposto. Egli avanza l'ipotesi che l'elettrone si muova di moto circolare uniforme intorno al nucleo, attratto dalla forza elettrica. A questo punto, Bohr si trova di fronte a una seria difficoltà: la forza elettrica genera un'accelerazione centripeta (diretta verso il nucleo), e la teoria dell'elettromagnetismo classico prescrive che una particella con una carica elettrica e accelerata debba irradiare energia sotto forma di radiazione. Perciò, l'elettrone dovrebbe perdere energia mentre percorre delle orbite sempre più piccole, fino a essere inghiottito dal nucleo. Conseguenza: l'atomo sarebbe *instabile*, e in un brevissimo tempo scomparirebbe (e tutti noi non saremmo qui a parlarne!).

Bohr aggira questa difficoltà con un'idea audace: l'atomo può esistere solo in certi *stati* (*quantici*) *stazionari* (corrispondenti alle *orbite stazionarie*, e a specifici valori dell'energia), e in questi stati non può emettere radiazioni. Applica poi il concetto del quanto di energia di Planck, e ricava le formule matematiche per calcolare i valori discreti dei raggi delle orbite, e quelli delle energie corrispondenti (i *livelli di energia*). Infatti, tutte le formule contengono una quantità (indicata simbolicamente con la lettera 'n'), detta *numero quantico principale*, il quale può assumere solo valori interi (1, 2, 3,...). Infine, un'onda luminosa di frequenza ben definita può essere emessa o assorbita solo quando l'atomo compie una transizione (un *salto quantico*). Dalla formula di Planck, Bohr ottiene la frequenza dell'onda elettromagnetica emessa o assorbita dall'atomo, data dalla differenza delle energie dei due stati, divisa per la costante di Planck h. Poiché solo valori discreti dell'energia sono permessi, anche le frequenze della radiazione saranno discrete. Perciò, gli spettri di emissione e di assorbimento non saranno continui, ma saranno degli spettri a righe, come quelli scoperti da Fraunhofer, Bunsen e Kirchhoff (Capitolo 1).

———

Il modello di Bohr era quello di un atomo immaginario, somigliante a un sistema solare in miniatura, e che mescolava concetti classici (le orbite degli elettroni) con concetti quantistici (i valori discreti dei livelli di energia). Questo ibrido tra teoria classica e quantistica non rappresentava certo un modello coerente dell'atomo, ma era un notevole progresso rispetto al passato, perché permetteva di spiegare, per la prima volta, gli spettri a righe degli atomi, un mistero che durava da più di cinquant'anni (Capitolo 1).

Lessico quantistico

Stati stazionari - Livelli di energia
Stato quantico - Salto quantico
Numero quantico

Verifiche sperimentali

Gli spettri dei raggi X

Subito dopo la scoperta di Max Laue, l'inglese Lawrence Bragg, allora studente di ricerca al Cavendish Laboratory, dimostrò che le figure di diffrazione, prodotte dai raggi X, potevano essere determinate da come gli atomi di un cristallo sono disposti nello spazio.

Suo padre, Henry, era un noto professore di fisica dell'università di Leeds (Inghilterra). Qui inventò uno strumento per misurare come l'intensità dei raggi X, emessi da una sorgente, varia con la loro lunghezza d'onda, e con la collaborazione del figlio, lo usò per analizzare la struttura dei cristalli. Il metodo dei due Bragg, padre e figlio, fu in seguito utilizzato nella fisica, nella chimica, nella cristallografia, nella biologia molecolare (servirà per svelare la struttura del DNA, negli anni Cinquanta). Lo stesso metodo costituì la base per lo studio degli spettri dei raggi X, dai quali si possono trarre informazioni sulla struttura interna degli atomi che li emettono.

Le scoperte di Moseley

Fu uno dei più brillanti fisici del laboratorio di Rutherford a iniziare lo studio degli spettri dei raggi X. Il ventitreenne Henry Moseley era giunto a Manchester nel 1910, proveniente da Oxford, dove si era laureato in fisica in quell'università. Nel 1913, appena seppe della scoperta di Max Laue, e del metodo dei due Bragg, progettò un esperimento per studiare gli spettri dei raggi X emessi dai diversi elementi chimici. Lo scopo era di ottenere informazioni sulla struttura interna dei loro atomi. Egli sapeva che gli atomi di ciascun elemento chimico hanno il loro caratteristico spettro a righe, formato dai colori della luce che gli elettroni più esterni emettono quando compiono dei salti quantici. Egli osservò che un elemento, quando è bombardato da elettroni veloci, produce anche uno spettro a 'righe' di raggi X, i quali sono prodotti nei salti quantici degli elettroni più interni dell'atomo, cioè quelli più vicini al nucleo. Così Arnold Sommerfeld descriveva metaforicamente l'atomo:

"La chimica e la maggioranza degli effetti fisici, in particolare gli spettri ottici, hanno la loro sede nelle parti più esterne dell'atomo. Al contrario, i raggi X provengono dalla zona più interna, il 'sancta sanctorum' ".

Moseley cercò di scoprire se c'era una qualche relazione tra la lunghezza d'onda di una particolare riga dello spettro dei raggi X di un elemento chimico e l'elemento stesso. Analizzò qualche decina di sostanze, e i risultati sperimentali dimostrarono che la lunghezza d'onda della riga spettrale esaminata variava in funzione del *'numero atomico'* (comunemente indicato con la lettera *Z*); ossia, aumentava in modo regolare all'aumentare del valore della carica elettrica positiva del nucleo (uguale e di segno opposto alla somma delle cariche degli elettroni dell'atomo). La conclusione era evidente: è il numero (*Z*) degli elettroni di un atomo che determina la sua posizione nella tabella periodica degli elementi, e non la sua massa atomica come, fino allora, quasi tutti i fisici avevano creduto.

Dopo questa importante scoperta, Moseley analizzò i valori delle lunghezze d'onda dei raggi X. Utilizzò la formula per le lunghezze d'onda dello spettro a righe dell'atomo di idrogeno, che Bohr aveva appena pubblicato. Introdusse in essa il numero atomico *Z*, il quale individua ogni singolo elemento chimico e la carica elettrica del suo nucleo, e constatò che il valore teorico ottenuto e quello sperimentale (che derivava dalle sue misure) erano in perfetto accordo. Era la prima prova sperimentale della validità del modello dell'atomo proposto da Bohr. Moseley pubblicò i suoi primi risultati nel mese di novembre del 1913.

Così scriveva:

"Questo accordo numerico tra i valori sperimentali e quelli calcolati dalla teoria, elaborata [da Bohr] per spiegare l'ordinario spettro dell'idrogeno, è rimarchevole, poiché le lunghezze d'onda con cui si ha a che fare nei due casi [della luce e dei raggi X] differiscono di un fattore 2000".

I salti quantici di Franck e Hertz

L'anno successivo (1914), all'università di Berlino, due abili sperimentatori, James Franck e Gustav Hertz (il nipote del fisico tedesco che aveva scoperto, trent'anni prima, le onde radio), ottennero dei risultati molto interessanti, i quali confermavano l'ipotesi di Bohr degli stati stazionari.

Ecco una breve descrizione del loro esperimento.

Franck e Hertz osservarono che, quando aumentavano la tensione tra due elettrodi, immersi in un gas contenuto in un'ampolla di vetro, l'intensità della corrente elettrica che attraversava il gas aumentava fino a un certo valore. A quel punto, l'intensità crollava bruscamente. E questo fenomeno si presentava tutte le volte che la tensione raggiungeva valori che erano multipli interi (1, 2, 3,...) del primo valore (quello più basso). L'interpretazione fisica del fenomeno è la seguente: gli elettroni della corrente elettrica bombardavano gli atomi del gas e, negli urti, fornivano loro dell'energia. Se l'energia assorbita da un atomo era maggiore di quella del suo primo stato eccitato, ma minore del secondo, l'atomo si portava al primo stato eccitato. Se era maggiore del secondo stato, ma minore del terzo, l'atomo si portava al secondo stato eccitato, e così via.

Così l'esperimento di Franck e Hertz costituì, in quegli anni, la seconda prova sperimentale a favore del modello dell'atomo di Bohr.

------ o ------

Prime reazioni

James Jeans

Al convegno della British Association for the Advancement of Science, che si tenne a Birmingham nel settembre 1913, il fisico James Jeans fece riferimento al

"recente lavoro del Dr. Bohr, il quale è giunto a una spiegazione convincente e brillante delle... righe spettrali".

Rutherford

Ai colleghi, convenuti a Birmingham, Rutherford dichiarò che ora poteva finalmente credere nel suo modello dell'atomo nucleare.

J.J. Thomson

Al convegno di Birmingham, J.J. Thomson ebbe un atteggiamento piuttosto distaccato nei confronti del modello di Bohr. Egli dichiarò che non credeva nella nuova teoria quantistica degli atomi.

Lord Rayleigh

Quando gli domandarono qual era la sua opinione sul modello di Bohr, Lord Rayleigh rispose:

"Un uomo che ha superato la sessantina non deve mai esprimersi sulle nuove idee".

Harald

Il fratello Harald scrisse dall'università di Gottinga (in Germania, nota come la Mecca della Matematica):

"La gente qui è interessata ai tuoi articoli, ma ho l'impressione che la maggior parte di loro non credano che siano obiettivamente corretti; trovano che le ipotesi sono 'audaci e stravaganti' ".

Einstein

L'amico de Hevesy scrisse da Vienna:

"Ho parlato con Einstein questo pomeriggio, e gli ho domandato il suo punto di vista sulla tua teoria. Dice che è molto interessante, importante, se è corretta, e che lui aveva avuto idee simili molti anni fa, ma che non ebbe il coraggio di svilupparle. Niente avrebbe potuto farmi più piacere di questo giudizio spontaneo di Einstein".

Emil Warburg

Durante una riunione della Società Tedesca di Fisica a Berlino:

"Il professor Emil Warburg parlò, con il suo stile asciutto e chiaro, di un lavoro molto importante: era quello di Bohr. Spiegò che era un vero progresso,... che Bohr aveva avuto un colpo di genio, e che la costante di Planck h dimostrava di essere la chiave per capire l'atomo". [4]

Henry Moseley

"La vostra teoria sta avendo un effetto splendido sulla fisica, e credo che quando sapremo che cosa è veramente un atomo,... alla vostra teoria, anche se sbagliata nei dettagli, sarà riservato molto credito".

Otto Stern e Max Laue

Dopo avere letto il lavoro di Bohr, dichiararono: *"Se le idee di Bohr sui salti quantici sono corrette, abbandoneremo la fisica".*

Aneddoti e frammenti

Niels alla madre e al fratello Harald

"Un breve saluto per dirvi che oggi ho ricevuto una lettera molto gentile da Rutherford. Egli scrive che è d'accordo

che io vada a Manchester per il prossimo trimestre. È ter-
ribilmente bello, ora che tutto è sistemato; gli ho appena
risposto. Questa sera sono così occupato che vi mando
solo questo breve saluto ...".

(*da una lettera di Bohr, 28 gennaio, 1912*) [1]

Rutherford e Bohr

"Come lei sa, è un'abitudine in Inghilterra esporre le cose
in modo breve e chiaro, in contrasto con il metodo tede-
sco, secondo il quale sembra che sia una virtù essere, il
più possibile, lunghi e contorti. Sarei di conseguenza felice
di conoscere quali parti lei pensa che possano essere sop-
presse...".

(*da una lettera di Rutherford, 25 marzo, 1913*) [1]

"... Sono molto riconoscente per l'interesse che lei ha
dimostrato per il mio articolo e per il suo gentile sugge-
rimento di cercare di accorciarlo. Certamente sarò molto
felice di fare tutti i cambiamenti che lei riterrà opportuni,
ma sono dispiaciuto di darle tanto disturbo. Pochi giorni
prima di ricevere la sua lettera, le ho inviato una copia
riveduta del mio articolo (ancora più lungo)... Siccome ho
qualche giorno di vacanza, ho deciso di venire a Man-
chester nei primi giorni della prossima settimana. Spero,
con grande piacere, di poterla incontrare".

(*da una lettera di Bohr, 26 marzo, 1913*) [1]

------ o ------

GLI ANNI DELLA GUERRA

Durante il periodo dal 1900 al 1913, sulle riviste specialistiche, comparvero non più di una decina di articoli, riguardanti la fisica quantistica. Tutto questo cambiò dopo
l'apparizione del modello di Bohr. Lui stesso scrisse a Rutherford: *"Il settore [della fisica dei quanti] è improvvisamente diventato affollato, dove tutti sembrano lavorare
con grande impegno"*.

Einstein a Berlino

Torniamo a occuparci di Einstein. Come abbiamo visto,
nel 1909 era ritornato a Zurigo. L'anno successivo, un importante dirigente di un'industria chimica tedesca gli offrì
in regalo cinquemila marchi per tre anni, per sostenere la
sua attività scientifica. Einstein accettò con piacere. Nel
frattempo, aveva cominciato a interessarsi del problema
della gravitazione, nel tentativo di estendere la relatività
ristretta del 1905 in una teoria più generale. A Zurigo rimase solo due anni.

Nel 1911 si trasferì a Praga, dove l'università tedesca gli a-
veva offerto una cattedra. Lì, fu raggiunto da un giovane
tedesco, di nome Otto Stern, laureato in chimica fisica, figlio di ricchi commercianti ebrei. Stern diventò suo assistente (ricorderà anni dopo: *"Einstein era completamente
solo a Praga, e lamentava la mancanza di interesse degli
studenti per le sue lezioni"*). Intanto, il vecchio amico Marcel Grossmann era diventato preside della facoltà di matematica del Politecnico di Zurigo, e aveva persuaso i suoi
colleghi a istituire un posto di professore per Einstein.
Così, nell'agosto 1912, Einstein ritornò nella sua amata
Svizzera. Trascorse due anni d'intensa attività creativa, durante i quali gettò le basi matematiche della nuova teoria
della gravitazione.

Nella primavera del 1913, Planck e Nernst andarono a far-
gli visita, e gli offrirono un'importante posizione a Berli-

no: un posto all'Accademia Prussiana delle Scienze (con uno stipendio di 12.000 marchi), una cattedra all'università Humboldt (senza l'impegno di insegnare), e la direzione di un istituto che sarebbe stato costruito espressamente per lui. Einstein accettò l'offerta. Non era entusiasta di ritornare in Germania, ma aveva delle segrete ragioni personali per accettare: il suo matrimonio con Mileva era in crisi, e lui si era invaghito di sua cugina Elsa, che abitava proprio a Berlino. Incoraggiati dalla risposta positiva di Einstein, Planck, Nernst e Rubens presentarono una relazione all'Accademia Prussiana delle Scienze che terminava con queste parole:

"Si può dire che non c'è uno tra i grandi problemi della fisica moderna, per il quale Einstein non abbia dato un contributo notevole. Il fatto che egli possa a volte avere mancato il bersaglio, come, per esempio, la sua ipotesi dei quanti di luce, non può essere usato contro di lui, poiché non è possibile introdurre nuove idee nelle scienze esatte senza correre dei rischi". [5]

Come si vede, l'idea dei quanti di luce, continuava a non essere accettata, persino dai fondatori della fisica quantistica (anche Bohr non accettava l'idea; infatti, nel suo modello dell'atomo, quando un elettrone compie un salto quantico da un livello di energia superiore a uno inferiore, l'atomo emette un'onda elettromagnetica). Ci vorranno più di dieci anni prima che i quanti di luce diventino realtà. E così, nel mese di aprile del 1914, iniziò per Einstein il periodo berlinese della sua vita.

La Grande Guerra

Il 28 luglio 1914 l'Austria dichiarò guerra alla Serbia. Nei primi giorni del mese di agosto, la Germania dichiarò guerra alla Russia, alla Francia, e invase il Belgio. A mezzanotte del 3 agosto la Gran Bretagna dichiarò guerra alla Germania. Era l'inizio della prima guerra mondiale. Il conflitto coinvolse le maggiori potenze del momento: gli imperi centrali, tra cui quelli della Germania e dell'Austria contro le potenze alleate, tra le quali la Francia, la Gran Bretagna, l'Italia, la Russia.

La guerra infiammò un conflitto tra intellettuali tedeschi e delle potenze alleate. Alle accuse che questi fecero alla Germania, soprattutto riguardo all'invasione del Belgio neutrale, i tedeschi risposero con un proclama, noto con il nome di 'Manifesto dei 93', al quale aderirono scienziati, studiosi e artisti. I firmatari appoggiavano le azioni militari della Germania durante il primo periodo della guerra, negando che le truppe tedesche avessero commesso delle atrocità. Tra i firmatari c'erano nomi di fisici famosi, come Lenard, Planck, Röntgen, e Wien. Einstein si rifiutò di firmare e cercò di organizzare un contro-manifesto, che però non ebbe seguito. La guerra mise fine alla libera circolazione dei ricercatori tra i paesi belligeranti e diventò difficile per loro anche solo scambiarsi delle informazioni sulle loro ricerche. Gli istituti scientifici inglesi, per esempio, non ricevevano le riviste specialistiche dalla Germania, e Arthur Eddington (il direttore del Cambridge Observatory) riuscì a leggere l'articolo di Einstein sulla relatività generale del 1916, pubblicato sulla rivista tedesca *Annalen der Physik*, solo perché l'astronomo Willem de Sitter glielo aveva spedito dall'Olanda neutrale.

Planck

Max Planck dichiarò di avere firmato il Manifesto dei 93, ma di averlo letto solo dopo la sua pubblicazione. Rimase in contatto epistolare con molti scienziati dei paesi neutrali. Scrisse all'amico Lorentz, cercando di rassicurarlo che il significato del manifesto non era quello dichiarato, e che solo in futuro si sarebbe potuto esprimere un giudizio obiettivo sulle diverse responsabilità. Egli cercò anche di impedire l'espulsione degli scienziati delle potenze alleate, che erano membri dell'Accademia Prussiana delle Scienze, dando così prova di moderazione. Per Planck, il periodo della guerra fu turbato da una serie di tragedie personali: il figlio Karl morì, ucciso da una granata nemica durante la battaglia di Verdun (Francia) del 1916; il figlio più giovane, Erwin, fu fatto prigioniero dai francesi. Le due figlie gemelle morirono entrambe di parto, a due anni di distanza una dall'altra.

Rutherford

Mentre il laboratorio di Manchester si spopolava, perché i giovani ricercatori andavano in guerra, Rutherford si dedicò, nei primi tempi, allo studio dei raggi beta e gamma. Nel 1914, con il suo giovane collaboratore Edward Andrade, scoprì che i raggi gamma sono delle onde elettromagnetiche, simili a quelle dei raggi X, ma con una lunghezza d'onda molto più piccola (e quindi una frequenza molto più grande).

Negli anni successivi fu sempre più impegnato nei compiti che gli erano affidati dall'Ammiragliato Britannico, come lo studio di metodi acustici per la segnalazione dei sottomarini. Ciononostante, Rutherford trovava il tempo per continuare la sua attività scientifica. Nel 1917 ottenne i primi risultati sulle collisioni dei raggi alfa con i nuclei atomici. In una lettera del novembre 1918 scriveva a Bohr:

"*Desidererei averla qui per discutere il significato di alcuni miei risultati sulle collisioni dei nuclei. Ho raccolto alcuni dati piuttosto sorprendenti, io credo, ma è un lavoro pesante... ricavare prove certe dalle mie deduzioni. Contare le deboli scintillazioni è duro per occhi vecchi come i miei, ma con l'aiuto di Kay ho fatto un buon lavoro nei ritagli di tempo, durante questi quattro anni*". [2]

L'anno successivo, Rutherford terminò gli esperimenti, e apparvero i suoi famosi lavori sul *Philosophical Magazine*, contenenti la descrizione della fondamentale scoperta delle disintegrazioni nucleari artificiali, ciò che egli amava definire la '*moderna alchimia*'. Da questi risultati, egli osservò che, tra i prodotti delle disintegrazioni, c'erano dei nuclei dell'atomo di idrogeno. Dedusse quindi che tutti i nuclei atomici contenevano quelle particelle, che diventeranno note con il nome di '*protoni*'. Grazie a questa scoperta di Rutherford, la struttura nucleare cominciava a essere svelata.

Moseley

Verso la fine del 1913, il brillante giovane Moseley ritornò all'università di Oxford, per continuare le sue ricerche sugli spettri dei raggi X. Nel mese di giugno 1914 andò in Australia per partecipare a un convegno. Quando seppe della dichiarazione di guerra, decise di arruolarsi volontario. Ritornò dall'Australia e andò a Manchester per salutare gli amici. Rutherford cercò di convincerlo che sarebbe stato molto più utile al suo paese se fosse rimasto a continuare le sue ricerche. Moseley non ascoltò né Rutherford, né sua madre, né gli amici, e si arruolò nel corpo dei *Royal Engineers*. Egli servì come ufficiale tecnico delle comunicazioni durante la battaglia di Gallipoli, in Turchia. Qui fu colpito a morte da una pallottola sparata da un cecchino, il 10 agosto 1915. I giornali di allora così intitolarono la notizia: 'Sacrificio di un genio', 'Troppo valido per morire'. Rutherford scrisse sulla rivista scientifica *Nature*:

"*È una tragedia nazionale che la nostra organizzazione militare sia così poco elastica da non essere capace di utilizzare... i nostri uomini di scienza, se non come combattenti sulla linea di fuoco. La perdita di questo giovane uomo sul campo di battaglia è un evidente esempio del cattivo uso del talento scientifico*".

Chadwick

Nel 1912, Hans Geiger lasciò Manchester e ritornò in Germania, a Berlino, dove divenne capo della divisione di radioattività dell'istituto PTR. Nel 1913, James Chadwick, uno dei migliori studenti di Rutherford, vinse una borsa di studio e andò a studiare da Geiger. Qui, in laboratorio, fece un'importante scoperta sui raggi beta, che permetterà, negli anni successivi, di capire meglio i fenomeni della radioattività (Capitolo 5). Allo scoppio della guerra, Chadwick, essendo un cittadino di un paese nemico, fu arrestato e rinchiuso in un campo di concentramento a Spandau, vicino a Berlino. Il campo aveva una pista per le corse dei cavalli, e i detenuti avevano una certa libertà. Potevano avere libri e studiare, e Chadwick ne approfittò. Qui fece amicizia con un giovane inglese, il ventenne Charles D. Ellis, il quale, sfortunatamente, si trovava in vacanza a Berlino proprio nei giorni della dichiarazione di guerra, ed era stato anche lui arrestato. Chadwick raccontò a Ellis dei suoi interessi e delle sue ricerche di fisica; lo entusiasmò, e insieme organizzarono un laboratorio, dove eseguirono degli esperimenti di fotochimica.

Dopo la fine della guerra, Chadwick ed Ellis ritornarono in Inghilterra, e si ritrovarono al Cavendish: Chadwick come uno dei principali collaboratori di Rutherford (il quale era, nel frattempo, diventato direttore del laboratorio, in sostituzione di J.J. Thomson), Ellis come studente di fisica (diventerà un eccellente e apprezzato ricercatore).

Bohr

Dopo la pubblicazione dei famosi articoli sul modello dell'atomo, Bohr ritornò a Copenaghen, dove insegnò all'università. Egli desiderava occuparsi di fisica teorica, per cui cercò di convincere la facoltà a istituire una cattedra espressamente per lui. Nel frattempo, Rutherford gli offrì di ritornare a Manchester, come docente di fisica matematica, in sostituzione di Charles Galton Darwin, il quale era partito per la guerra. Bohr accettò con entusiasmo, e partì con la moglie, passando prima nel Sud Tirolo per una breve vacanza, in compagnia del fratello Harald e della zia Hanna. Qui, i coniugi Bohr furono sorpresi dallo scoppio della guerra. Arrivarono a Manchester nel mese di ottobre, dopo un viaggio avventuroso, navigando intorno al nord della Scozia, in mezzo a temporali e tempeste. Rimasero a Manchester per due anni.

Nell'estate del 1916 ritornarono in Danimarca. Quattro anni prima, Bohr aveva lasciato Manchester con grande entusiasmo per le idee che stava sviluppando sulla struttura degli atomi. Ora, partiva da Manchester come un maestro della fisica atomica, come il primo professore di fisica teorica dell'università di Copenaghen, e come futuro padre (la moglie Margrethe era in attesa del primo figlio).

La verifica di Millikan

Robert Millikan era un professore dell'università di Chicago. Nel 1915 aveva quarantasette anni, ed era uno dei più importanti fisici sperimentali degli Stati Uniti. Era molto conosciuto anche in Europa. Aveva ottenuto il dottorato di ricerca alla Columbia University di New York nel 1895 e, verso la fine dell'anno, era andato in Europa, con una borsa di perfezionamento. Qui, aveva seguito le lezioni di Planck a Berlino e di Poincaré a Parigi. Aveva poi partecipato alle ricerche condotte da Nernst a Gottinga. Dopo un anno di permanenza nel vecchio continente, era ritornato negli Stati Uniti. Era approdato all'università di Chicago, come assistente di Albert Michelson (il primo americano vincitore di un Nobel per la fisica, nel 1907), e nel 1910 era diventato professore di fisica.

Nel 1909, Millikan aveva iniziato una serie di esperimenti per misurare la carica elettrica dell'elettrone (la carica elementare e, una delle costanti fondamentali della fisica). Gli esperimenti, sempre più precisi, durarono otto anni, e portarono a un valore della carica dell'elettrone che rimarrà il più preciso per molti anni.

Durante il periodo 1912-15, Millikan eseguì degli esperimenti sull'effetto fotoelettrico, per verificare la legge di Einstein del 1905 (Capitolo 2). Egli usò delle piastrine di metallo, poste in un tubo a vuoto, ed esposte a radiazioni luminose di diverse frequenze. Quando una piastrina era illuminata con luce di frequenza superiore a quella di soglia, degli elettroni erano emessi e raccolti da un elettrodo che si trovava di fronte alla piastrina stessa, e si generava una corrente elettrica. Millikan riuscì a misurare l'energia cinetica degli elettroni per diverse frequenze della luce.

Confrontò i risultati con l'equazione di Einstein, e vide che l'accordo era perfetto.

Nonostante questo successo, Millikan non pensava di avere confermato la teoria dei quanti di luce, ma di avere solo verificato l'equazione dell'effetto fotoelettrico. Di fronte alla solidità della teoria ondulatoria della luce, egli era convinto, come la maggioranza dei fisici di allora, che l'equazione di Einstein si basasse su un'ipotesi sbagliata, sebbene i risultati fossero giusti. Molti anni dopo, dichiarò:

"Spesi dieci anni della mia vita per verificare l'equazione di Einstein del 1905, e contro tutte le mie aspettative, fui obbligato nel 1915 ad affermare che era verificata senza alcuna ambiguità, nonostante la sua irragionevolezza, poiché sembrava violare tutto quello che noi conoscevamo sull'interferenza della luce". [6]

Con gli stessi risultati sperimentali, Millikan riuscì a ottenere, per la prima volta con misure dirette, il valore della costante di Planck *h*.

Berlino, 1915

Siamo ancora nel 1915, un anno dopo che Einstein era arrivato a Berlino. Non conosceva i risultati di Millikan, e lavorava con impegno per completare la sua nuova teoria della gravitazione. Aveva iniziato il lavoro a Praga, e l'aveva continuato a Zurigo.

La teoria era un'estensione della relatività ristretta del 1905, e introduceva dei concetti rivoluzionari. Essa descriveva la gravità come un effetto della curvatura dello spazio-tempo, piuttosto che come un effetto dovuto alla forza gravitazionale di Newton. Prevedeva fenomeni che non erano mai stati previsti, come la deflessione dei raggi di luce in un campo gravitazionale (effetto osservabile, per esempio, durante un'eclissi solare), oppure lo spostamento verso il rosso del colore della luce emessa da stelle massicce. Einstein presentò la sua teoria, alla quale impose il nome di *'teoria della relatività generale'*, il 25 novembre

1915, durante una riunione degli scienziati dell'Accademia Prussiana, e la pubblicò l'anno successivo sugli *Annalen der Physik*.

Durante il 1916, Einstein continuò a lavorare sulla teoria della gravitazione e, nello stesso tempo, ritornò a meditare sulla fisica quantistica, che aveva trascurato fin dai tempi del convegno di Salisburgo (Capitolo 2).

Le orbite di Sommerfeld

Arnold Sommerfeld era una figura di primo piano dell'università di Monaco di Baviera, direttore dell'Istituto di Fisica Teorica. Grazie al suo carisma di studioso e di docente, diventerà l'animatore di una delle tre più importanti scuole di fisica quantistica (le altre due: Gottinga e Copenaghen).

Nel 1916, Sommerfeld cominciò a interessarsi di fisica atomica, ed estese il modello dell'atomo di Bohr. Egli considerò, oltre alle orbite circolari degli elettroni, anche le orbite ellittiche. Secondo Sommerfeld, un'orbita ellittica è caratterizzata da tre numeri quantici: il numero n (del modello di Bohr), legato alla dimensione dell'orbita; il numero l, legato alla forma dell'orbita, e un terzo numero quantico m, il quale indica che il piano su cui giace l'orbita può essere orientato solo in specifiche direzioni (proprietà detta '*quantizzazione spaziale*'). Così, nella teoria di Bohr-Sommerfeld, come da allora fu chiamata, il 'codice a barre' che caratterizza un atomo è rappresentato da tre numeri quantici (n, l, m), i quali, ovviamente, possono avere solo valori interi (1, 2, 3,…). E ai 'codici a barre' corrispondono gli spettri a righe della luce emessa o assorbita dagli atomi.

Il secondo grande successo di Sommerfeld fu di avere risolto il cosiddetto problema della '*struttura fine*' delle righe spettrali. Di che cosa si trattava?

I fisici sperimentali avevano scoperto, che alcune righe dello spettro dell'idrogeno, analizzate con uno spettroscopio capace di distinguere dettagli molto sottili, non erano singole, ma si scomponevano in una coppia di righe, alle quali corrispondevano frequenze con valori molto vicini. Sommerfeld ebbe l'ingegnosa idea di applicare all'elettrone, che in alcuni punti dell'orbita ellittica si muove con una velocità prossima a quella della luce, la meccanica relativistica di Einstein. Questa prevede che la massa dell'elettrone aumenti con l'aumentare della sua velocità, e ha come conseguenza che i livelli di energia dell'elettrone si sdoppiano. Grazie a questa brillante idea, Sommerfeld calcolò i livelli di energia dell'idrogeno, ricavò poi le frequenze corrispondenti alle righe sdoppiate, e ottenne che la loro differenza era in ottimo accordo con i valori sperimentali ottenuti dagli spettroscopisti (gli specialisti di spettroscopia).

Nelle formule della teoria di Sommerfeld è annidato un numero, denominato 'costante di struttura fine'. Questo numero è, a sua volta, espresso da una formula che contiene tre costanti fondamentali della natura. Esse sono: la carica elementare e, la costante di Planck h, e la velocità della luce nel vuoto c. Il suo valore è uguale a circa 1/137. (Oggi, questo numero è il simbolo della moderna elettrodinamica quantistica.)

Una splendida scintilla

Dopo la scoperta della relatività generale, Einstein ritornò alla fisica quantistica. Nel mese di agosto 1916, scrisse all'amico Michele Besso:

"Una splendida scintilla si è accesa in me, e riguarda l'assorbimento e l'emissione della radiazione... Una sorprendente e semplice deduzione della formula di Planck, vorrei dire 'la deduzione'. Ogni cosa è completamente quantistica". [7]

Egli pubblicò i risultati della 'splendida scintilla' in tre articoli, tra il 1916 e il 1917. La novità di questo lavoro è costituita dall'introduzione del concetto di probabilità nella fisica quantistica (sono gli stessi concetti utilizzati da

Rutherford e Soddy, all'inizio del secolo, per spiegare il fenomeno della disintegrazione radioattiva degli atomi).

––––––

Per approfondire

Einstein spiega la 'splendida scintilla'

Einstein considera un gas di fotoni (quanti di luce), mischiati con un gas di atomi. Egli poi fa proprio il modello di Bohr, secondo il quale gli atomi possono trovarsi in stati stazionari con valori discreti della loro energia. A questo punto calcola le probabilità che i fotoni possano essere emessi o assorbiti dagli atomi, e considera tre processi. Il primo lo chiama 'emissione spontanea': quando un atomo è eccitato, e si trova in un determinato livello di energia, può decadere in un livello inferiore, emettendo spontaneamente un fotone. Nel secondo processo, detto 'assorbimento', un fotone può essere assorbito dall'atomo, il quale compie un salto quantico e si porta in uno stato eccitato. Il terzo è un processo nuovo, che egli chiama 'emissione stimolata': un fotone colpisce un atomo eccitato e lo 'stimola' a compiere un salto quantico verso un livello di energia inferiore. Questo è possibile solo se l'energia (e quindi la frequenza) del fotone che provoca il salto quantico è esattamente uguale a quella del fotone che è emesso. Einstein scrive l'equazione matematica che lega le probabilità dei tre processi, e il risultato è la formula di Planck della radiazione di corpo nero.

––––––

Oltre che per l'introduzione del concetto di probabilità, il lavoro di Einstein è importante per altri due motivi. Il primo è che egli dimostra che il quanto di luce si comporta come una particella vera e propria, la quale viaggia in una direzione precisa, con una velocità uguale a quella della luce. (Einstein continua a credere nella sua idea del quanto di luce!). Il secondo motivo è che il nuovo meccanismo dell'emissione stimolata, introdotto per la prima volta nella fisica quantistica, contiene l'idea fondamentale che sta alla base del funzionamento del laser, il dispositivo che vedrà la luce verso la fine degli anni Cinquanta (Capitolo 6).

ANCORA SUCCESSI

Il Nobel a Planck

Erano trascorsi più di dieci anni, da quando l'Accademia Svedese delle Scienze aveva bloccato la candidatura di Planck. Finalmente nel 1919 gli fu assegnato il Premio Nobel per la fisica del 1918. Durante la cerimonia, svoltasi il 10 dicembre a Stoccolma, il presidente dell'Accademia presentò Planck con queste parole:

"L'esperienza doveva fornire solide conferme... prima che la teoria della radiazione di Planck potesse essere accettata. Nel frattempo questa teoria ha conseguito numerosi successi. Il calore specifico delle sostanze... e l'effetto fotoelettrico hanno fornito, come Einstein ha per primo suggerito, un forte supporto alla teoria di Planck... Un trionfo ancora più grande è stato nel campo dell'analisi degli spettri, dove il lavoro fondamentale di Bohr... ha fornito una spiegazione delle enigmatiche leggi che regolano questa parte della scienza".

Il Nobel a Planck, allora considerato uno dei più illustri scienziati tedeschi, oltre a essere il primo riconoscimento alla fisica quantistica, rappresentava anche un segno di riconciliazione della scienza internazionale con quella tedesca, dopo la sconfitta della Germania.

Bohr a Copenaghen

Durante la guerra, la Danimarca era rimasta neutrale, e così per Bohr fu possibile continuare l'insegnamento e le sue ricerche a Copenaghen. Egli mantenne i contatti con molti fisici, tra i quali Sommerfeld, l'olandese Paul Ehrenfest, lo svedese Carl Oseen (da lungo tempo amico suo e del fratello Harald). Nel 1916 arrivò dall'Olanda un giovane fisico, appena laureato, di nome Hendrik Kramers, il quale divenne il primo assistente di Bohr, e rimase a Copenaghen per circa dieci anni. Nel 1917, Kramers andò in Svezia, dove era stato invitato a tenere una serie di lezioni sulla teoria di Bohr. Incontrò il giovane Oskar Klein, il quale, entusiasta della nuova fisica, andò a Copenaghen e divenne anche lui uno stretto collaboratore di Bohr.

Il principio di corrispondenza

Nel 1918, Bohr cominciò a preparare un lungo articolo sugli spettri degli atomi. In questo articolo (pubblicato nel 1920), per la prima volta enunciava quello che prenderà il nome di 'principio di corrispondenza'. L'idea di Bohr era che la differenza tra le formule della fisica quantistica e quelle della fisica classica è sempre meno rilevante, via via che il sistema fisico che si studia è di grandi dimensioni. In altre parole, la fisica classica descrive i fenomeni, altrettanto bene come la fisica quantistica, quando è applicata a oggetti macroscopici. Negli anni successivi, Bohr e i suoi allievi usarono il principio di corrispondenza come guida per spiegare molte proprietà degli atomi. Così Kramers scrisse su questo principio:

"*È difficile spiegare in che cosa consista, perché non può essere espresso da leggi quantitative esatte ed è, per questo, anche difficile da applicare. Tuttavia, nelle mani di Bohr, è stato straordinariamente utile in molti e differenti settori* [*della fisica*]". [4]

Un po' di più

Un esempio: *l'atomo di idrogeno*

Per illustrare intuitivamente il *principio di corrispondenza*, consideriamo l'atomo di idrogeno. Nella formula trovata da Bohr per calcolare il raggio delle orbite circolari dell'elettrone intorno al nucleo, compare il numero quantico principale n. Per $n = 1$ si ha il raggio minimo dell'orbita, ossia, 5/100 di milionesimi di millimetro. Per $n = 10.000$, il raggio dell'orbita dell'elettrone è cento milioni di volte più grande. In questo fantasioso atomo gigante (rispetto a quelli veri) i livelli di energia sarebbero vicinissimi, i salti quantici piccolissimi, e la frequenza della luce emessa potrebbe essere ottenuta utilizzando la formula della fisica classica con la quale si calcola la frequenza di rotazione dell'elettrone lungo un'orbita circolare. Conclusione: per alti numeri quantici la fisica quantistica si avvicina sempre più alla fisica classica.

Rutherford al Cavendish

Nel 1919, Sir J.J. Thomson andò in pensione, si ritirò dal Cavendish Laboratory e divenne Master del Trinity College di Cambridge. Subito i membri del comitato che doveva nominare il futuro titolare della 'Cattedra Cavendish' e, allo stesso tempo, direttore dell'omonimo laboratorio, si orientarono su Rutherford. Così gli scriveva Sir Joseph Larmor, il principale lobbista in suo favore:

"[Ho incontrato] le persone più importanti, le quali sono interessate... [e ho constatato] che se lei decidesse di venire, riceverebbe un entusiastico e unanime benvenuto".

E il suo ex maestro, Thomson:

"C'è una speranza che lei possa decidere di venire a Cambridge? Niente potrebbe darmi un piacere più grande di vedere come mio successore il mio allievo più distinto".

Rutherford (anche lui aveva ricevuto il titolo di 'Sir' dal Re Edoardo VII) accettò l'offerta, e così fu nominato quarto Cavendish Professor, dopo James Clerk Maxwell, Lord Rayleigh e lo stesso J.J. Thomson. Egli raccolse intorno a sé un folto gruppo di brillanti ricercatori: Francis Aston, che aveva scoperto l'esistenza degli isotopi; James Chadwick, che scoprirà il neutrone all'inizio degli anni Trenta; Patrick Blackett, che eseguirà importanti esperimenti con i raggi cosmici; John Cockcroft, che produrrà le prime disintegrazioni nucleari con un acceleratore di particelle; il fisico matematico Ralph Fowler; Paul Dirac, che darà importanti contributi allo sviluppo della fisica quantistica. Rutherford abitava con sua moglie in una bella casa di Newnham Cottage, dietro gli antichi collegi, con attiguo un giardino, dove egli amava riposarsi. La domenica, di mattina, giocava a golf con gli amici, e alla sera cenava al Trinity College, dove era stato quando era uno studente di ricerca di J.J. Thomson. Qui incontrava scienziati, letterati, filosofi, con i quali discuteva sugli argomenti più disparati. (Una volta, tornando dal Trinity, disse che secondo lui gli umanisti esageravano non poco quando si dicevano orgogliosi di essere ignoranti di scienza e tecnica!)

Einstein superstar

Il 1919, fu per Einstein l'anno che trasformò la sua vita. Nel mese di febbraio divorziò da Mileva, e a settembre sposò la cugina Elsa, con la quale aveva una relazione sentimentale. Nello stesso mese, Lorentz gli telegrafò che l'esperimento sulla deflessione dei raggi di luce da parte del Sole era stato un successo. Di che cosa si trattava?

La deflessione dei raggi di luce provenienti da una stella, quando passano vicino alla superficie del Sole, era una previsione della sua teoria della relatività generale del 1915. L'occasione per osservare questo effetto si presentò proprio nel 1919, perché il 29 maggio di quell'anno ci fu un'eclissi totale di Sole, visibile in Brasile e in Africa. Due spedizioni di astronomi inglesi furono organizzate. Una spedizione, con a capo l'astronomo Arthur Eddington, si recò sull'isola Principe, al largo della Guinea portoghese, sulla costa occidentale dell'Africa. La deviazione dei raggi di luce fu effettivamente osservata. Nel mese di novembre, l'annuncio ufficiale fu dato durante una riunione della Royal Society di Londra, dove il suo presidente, J.J. Thomson, definì il lavoro di Einstein: *"uno dei più grandi risultati della storia del pensiero umano"*. Improvvisamente, Einstein divenne una superstar. Tutti i giornali descrivevano la sua teoria della relatività. Il *Times* del 7 novembre 1919, così intitolava un lungo articolo:

"Rivoluzione nella scienza / Nuova teoria dell'universo / Sovvertite le idee di Newton".

Einstein disgustato

La fama di Einstein generò immediatamente delle contro-versie. Alcuni scienziati tedeschi espressero riserve sulla teoria della relatività. Nel febbraio del 1920, gli studenti interruppero una sua lezione all'università, con la scusa che erano presenti persone estranee. I giornali, però, enfa-tizzarono il tono antisemitico della protesta. I Premi Nobel Philipp Lenard e Johannes Stark attaccarono pubblicamen-te Einstein e le sue teorie, auspicando una 'fisica tedesca'. Durante un convegno di scienziati, Lenard disse aperta-mente che la relatività era una 'frode ebraica', e il partito nazista, appena nato, prontamente fece sue quelle parole.

La stampa riportò che Einstein, disgustato dagli attacchi che gli erano stati rivolti, aveva deciso di lasciare la Ger-mania. Il *Times* di Londra (1920) così commentò la noti-zia data da un giornale tedesco:

"*Il professor Einstein è così disgustato dagli attacchi su-biti dai suoi colleghi... che è intenzionato a lasciare defi-nitivamente Berlino. Il giornale esprime una forte prote-sta contro il fastidio al quale il professor Einstein è stato soggetto, descrivendolo come scandaloso. È un dovere dell'università di Berlino di fare tutto ciò che è in suo po-tere per trattenere il professor Einstein. Ogni persona che desidera mantenere l'onore della scienza tedesca nel fu-turo deve ora sostenere questo uomo*".

Molti altri colleghi, tra i quali Planck, Nernst, Laue, Som-merfeld, il chimico Fritz Haber, cercarono di convincerlo a rimanere. E così Einstein declinò tutte le allettanti offerte ricevute.

------ o ------

La Scuola di Monaco

Arnold Sommerfeld divenne professore di fisica teorica all'università di Monaco di Baviera nel 1906. Proveniva dall'università tecnica di Aachen (Aquisgrana), e lo accompagnava Peter Debye, suo assistente ad Aachen, il quale voleva diventare un fisico, da ingegnere qual era. Giunto a Monaco, Sommerfeld cercò di trasformare l'istituto, di cui era direttore, in una prestigiosa '*Scuola di fisica teorica*'. E ci riuscì: in pochi anni la 'Scuola di Monaco' diventò famosa in tutto il mondo.

Sommerfeld era un docente straordinario, e un ricercatore teorico di prima grandezza. I suoi temi di ricerca, nella quale coinvolgeva gli allievi più brillanti, spaziavano dall'idrodinamica alla teoria degli elettroni nei metalli, dai raggi X alla propagazione delle onde elettromagnetiche nei reticoli spaziali. Durante la Grande Guerra, cominciò a dedicarsi alla teoria atomica: estese il modello di Bohr alle orbite ellittiche; spiegò la struttura fine degli spettri atomici; introdusse il concetto di quantizzazione spaziale. Nel 1919 pubblicò il libro *Atombau und Spektrallinien* (*Struttura atomica e righe spettrali*), che Max Born definì 'la Bibbia del fisico moderno'.

Il primo allievo che si occupò del modello di Bohr e Sommerfeld fu il fisico matematico russo Paul Epstein. Seguirono numerosi altri, i quali giungevano a Monaco per imparare i segreti della teoria atomica. Sommerfeld li invitava a collaborare alle sue ricerche, e discuteva con loro le nuove scoperte che apparivano sulle riviste specialistiche. Questa attività si svolgeva durante i due seminari settimanali che egli organizzava nel suo istituto, oppure nei caffè del quartiere Schwabing di Monaco, o durante le escursioni sciistiche sulle Alpi bavaresi. Lo stesso Einstein si congratulò con lui, con queste parole:

"Ciò che in particolare ammiro in lei è che ha generato dal nulla un enorme numero di giovani talenti. Questo è

qualcosa di unico. Lei ha l'abilità di nobilitare e attivare le menti dei giovani".

Durante circa venti anni, Sommerfeld fu il supervisore di più di trenta tesi di dottorato, e tutti i suoi allievi andarono a occupare posti di prestigio nelle università e nei laboratori di ricerca, portando importanti contributi alla fisica moderna. Tra questi, sei ottennero il Premio Nobel: i tedeschi Werner Heisenberg e Hans Bethe, Peter Debye, l'austriaco Wolfgang Pauli, e gli americani Linus Pauling e Isidor Rabi.

Aneddoti e frammenti

Un internazionalista

"Durante la guerra [1914-1918], Einstein si considerò un internazionalista svizzero... [Egli] viaggiò frequentemente nell'Olanda neutrale e in Svizzera, tenne contatti con i colleghi, specialmente con Lorentz ...".

(Fritz Stern) [8]

Dicembre 1918

Un mese dopo la fine della prima guerra mondiale, Einstein scrisse all'amico Michele Besso, riferendosi ai moti rivoluzionari in Germania, i quali avevano provocato la caduta dell'impero e l'instaurazione della repubblica:

"Qualcosa di grande si è veramente avverato. La religione del militarismo è scomparsa. [La fine del vecchio ordine] è per quelli come noi... una liberazione...".

(Fritz Stern) [8]

Einstein e il denaro

"Come la maggioranza delle persone, Einstein... aveva un complicato, ambivalente sentimento per il denaro. Egli era allo stesso tempo indifferente e a volte lo bramava".

(Fritz Stern) [8]

Einstein a Berlino

"Suona anche il pianoforte. La musica lo aiuta quando sta pensando alle sue teorie. Egli si ritira nel suo studio, ritorna giù, strimpella qualche nota, annota qualcosa, e ritorna nel suo studio".

(*Elsa Einstein*) [5]

Salve, Niels Bohr!

"I quanti Ti onorano! a ogni Tuo detto /

Ciascun elettrone smarrito si sente,

Nell'orbita tetra Tu, Bohr, l'hai costretto, /

E rapido vola e irradia; repente

L'altezza del salto ei pavido guata /

Dall'orbita madre a quella seguente,

Secondo la legge che Tu gli hai creata, /

Poi cerca conforto nell'ora presente ..." [9]

Il 'linguaggio Bohr'

"Mi avevano avvertito che non era facile capire quello che diceva... Egli parlò per pochi minuti, con una voce bassa e gutturale,... pronunciando ogni parola con enfasi... Mi resi conto dell'importanza [del discorso], *ma non ne compresi il significato; infatti, non capii una sola frase. Quando l'applauso finì, chiesi al mio vicino, Léon Rosenfeld, un fisico di origine belga che parlava francese, inglese, tedesco, danese e il 'linguaggio Bohr'... : 'Che cosa ha detto, in conclusione?' 'Ha detto che è stata una... sessione interessante, che ognuno deve essere molto stanco, e che è l'ora di un rinfresco' ".*

(*Walter Gratzer*) [10]

Gli amici di Rutherford

*"Per me era inoltre un'esperienza veramente piacevole...
essere ammesso alle discussioni che ogni mese avvenivano
con un gruppo di amici di Rutherford, tra i quali c'erano il
filosofo Alexander, lo storico Tout, l'antropologo Elliot
Smith e il chimico Chaim Weizmann, che trent'anni dopo
doveva diventare il primo presidente di Israele...".*

(*Niels Bohr*) [2]

Sommerfeld

*"La fisica teorica è una materia che attrae i giovani ... che
si interrogano circa le questioni più profonde... Era
proprio questo tipo di principianti che [Sommerfeld] sapeva come plasmare,... fornendo loro le capacità necessarie
per intraprendere fertili ricerche".*

(*Max Born*)

Robert Millikan

*"Il suo interesse per la fisica si manifestò quando il suo
professore di greco, impressionato dalla sua bravura, lo
invitò a tenere un corso introduttivo di fisica... [seguito da
chi voleva] entrare nel college. Quando Millikan protestò
che non conosceva nulla sull'argomento, il professore gli
rispose: 'Chiunque che sia bravo in greco è in grado di
insegnare la fisica' ".*

(*Daniel J. Kevl*)

------ o ------

4

GLI ANNI RUGGENTI

I *'ruggenti anni Venti'* sono gli anni della diffusione del-l'automobile, del telefono, della radio e del cinema. Sono gli anni dell'Art Deco e del Jazz; della BBC e di Topolino; di Charlie Chaplin e della marcia su Roma; del profumo 'Chanel N° 5' e della Repubblica di Weimar; della 'Strage di San Valentino' e del 'Charleston'; del Bauhaus e di Rodolfo Valentino; dell'emancipazione femminile e di Al Capone; del primo volo transatlantico e delle galassie; di Scott Fitzgerald e del primo film sonoro; della scoperta della penicillina e della tomba di Tutankhamon; di Ernest Hemingway e del proibizionismo; della scoperta dell'insulina e della legge di Hubble; delle ragazze con i capelli alla *garçonne* e del crollo della Borsa di Wall Street.

Anche per la fisica quantistica sono *'anni ruggenti'*. Essa raggiunge il culmine del successo dopo che la prima ondata della *rivoluzione dei quanti*, iniziata da Max Planck nel 1900, ha esaurito tutta la sua forza innovativa. Dall'ingegno di una nuova generazione di fisici, nati negli anni che seguirono la grande scoperta di Planck, emerge una teoria completamente nuova, che prenderà il nome di *'meccanica quantistica'*.

NUOVI ORIZZONTI

All'inizio del decennio, i fisici si trovarono in un'impasse. Si erano resi conto che la 'vecchia teoria quantistica' di Bohr-Sommerfeld, la quale introduceva *ad hoc* il concetto di 'quanto' nelle leggi della fisica classica, era inadeguata. Nonostante il suo successo nel descrivere lo spettro a righe dell'atomo di idrogeno, non era in grado di spiegare molti altri fenomeni del mondo microscopico, come la luce e-messa e assorbita dagli atomi complessi e dalle molecole; la stessa natura della luce e, più in generale, della radiazione elettromagnetica.

"Stiamo usando un linguaggio che non si adatta adeguatamente alla semplicità e alla bellezza del mondo dei quanti", scriveva in quei giorni il giovane Wolfgang Pauli.

Francoforte, 1921

Certi atomi hanno delle proprietà magnetiche: possono essere immaginati come dei microscopici aghi magnetici. Quando questi atomi si trovano in uno spazio dove è presente un campo magnetico, essi tendono a orientarsi nella direzione del campo (come l'ago magnetico di una bussola tende a orientarsi nella direzione del campo magnetico terrestre). Sommerfeld aveva dimostrato che i microscopici aghi magnetici, che rappresentano gli atomi, non possono orientarsi a caso, ma solo in determinate direzioni. Questa proprietà, tipicamente quantistica, è detta '*quantizzazione spaziale*' (è la stessa proprietà considerata nel Capitolo 3).

Immaginiamo ora di mettere un microscopico ago magnetico tra i poli di un magnete. Il campo magnetico presente agisce con delle forze su di esso. Se il campo è uniforme (ossia, ha lo stesso valore in tutti i punti), l'ago non si muove e mantiene la sua orientazione. Se invece il campo non è uniforme, l'ago subisce un leggero spostamento. Nel 1921, due fisici tedeschi, Otto Stern e Walther Gerlach, sfruttarono questo comportamento degli atomi con proprietà magnetiche ed eseguirono un esperimento che fece epoca. Abbiamo già incontrato Otto Stern come assistente di Einstein a Praga e a Zurigo. Insegnò poi all'università di Francoforte, e nello stesso anno 1921 divenne professore all'università di Rostock. A Francoforte, Stern incontrò Gerlach, che era un assistente dell'istituto di fisica sperimentale della stessa università. Insieme progettarono l'esperimento sulle proprietà magnetiche degli atomi, che terminarono l'anno successivo.

I due sperimentatori inviarono un sottile fascio di atomi attraverso i poli di un magnete, dove era presente un campo non uniforme. Attraversato il campo, gli atomi andavano a colpire una lastra fotografica. In assenza di campo magnetico, Stern e Gerlach vedevano sulla lastra una traccia sottile, prodotta da un unico fascio di atomi. Quando Gerlach, che condusse l'ultima fase dell'esperimento, accese il campo magnetico, vide due tracce. Questo significava che gli atomi erano orientati in due direzioni distinte nello spazio: era la chiara dimostrazione sperimentale della *quantizzazione spaziale* di Sommerfeld, e un'ulteriore conferma dell'esistenza degli stati stazionari di Bohr.

Gerlach inviò subito un telegramma a Stern che diceva: *"Dopo tutto, Bohr è nel giusto"*; e una cartolina postale a Bohr, con l'immagine fotografica delle due tracce, e con la scritta: *"Congratulazioni per la conferma della sua teoria"*. Wolfgang Pauli, ricordando la dichiarazione di Stern del 1913 (*"Se le idee di Bohr sui salti quantici sono corrette, abbandonerò la fisica"*), diceva, divertito, agli amici: *"E ora, il non credente Stern si convertirà"*.

L'Istituto Niels Bohr

Nel 1916, appena ritornato da Manchester, come primo titolare della nuova cattedra di fisica teorica, che l'università di Copenaghen aveva da poco istituito, Bohr si adoperò per avere un centro di ricerca che promuovesse la più stretta collaborazione tra fisici teorici e sperimentali. Verso la fine del 1917, il parlamento danese approvò il progetto, e il 3 marzo 1921, a Blegdamsvej 15 (l'indirizzo del nuovo edificio), fu inaugurato l'Istituto Universitario per la Fisica Teorica (nel 1965 prese il nome, che continua a mantenere, di Istituto Niels Bohr). Bohr, con la moglie Margrethe e i loro figli, andarono ad abitare in un appartamento del primo piano. Da allora iniziò l'attività di insegnamento e di ricerca dell'istituto. (Dal 1932, la famiglia Bohr si trasferì nella principesca dimora che i produttori della birra Carlsberg avevano messo a disposizione per un cittadino danese che avesse primeggiato nelle arti, nella scienza o nella letteratura.)

Tra i primi che soggiornarono a Copenaghen ci furono il teorico Hendrik Kramers (che aveva già collaborato con Bohr durante la guerra), Oskar Klein dalla Svezia, e Svein Rosseland dalla Norvegia. Da Vienna arrivò il vecchio amico dei tempi di Manchester, George de Hevesy, il quale rimase a Copenaghen più di vent'anni, e condusse molte delle sue famose ricerche chimico-fisiche e biologiche con il metodo dei traccianti radioattivi, che gli valsero il Nobel per la chimica. Lo sperimentale James Franck venne a insegnare la tecnica dell'eccitazione degli spettri atomici mediante bombardamento con elettroni, tecnica da lui sviluppata (come abbiamo visto, Capitolo 3) insieme con Gustav Hertz, a Berlino.

Con i fondi della Fondazione Carlsberg, e di altre istituzioni (dagli Stati Uniti arrivarono i contributi della Fondazione Rockefeller), Bohr istituì delle borse di studio che utilizzò per giovani fisici, che provenivano da tutte le parti del mondo, e che volevano lavorare con lui. In poco tempo l'istituto divenne la 'Mecca della fisica teorica'.

Nel 1929, Bohr istituì delle conferenze private, che avvenivano ogni anno, in primavera. Vi partecipavano qualche decina di fisici, alcuni già famosi, e molti tra quelli della nuova generazione. Si discutevano le idee emergenti sulla fisica quantistica, sugli atomi, sui nuclei, in un'atmosfera entusiasmante e informale, che rimarrà nota come 'Lo Spirito di Copenaghen'.

Einstein, Bohr e il Nobel

Nel mese di novembre 1922, l'Accademia Svedese delle Scienze annunciò che il Premio Nobel 1921 per la fisica era stato conferito ad Albert Einstein, e il premio dell'anno in corso a Niels Bohr. La motivazione del premio a Einstein diceva: *"Per i suoi contributi alla fisica teorica, e specialmente per la sua scoperta della legge dell'effetto fotoelettrico"*. La relatività non era menzionata: c'era ancora molto scetticismo riguardo alla teoria, all'interno della comunità scientifica.

Vediamo cosa era successo a Stoccolma.

Il premio a Einstein

Allvar Gullstrand era un medico, specialista in oftalmologia, che faceva parte del Comitato Nobel per la fisica (!). Nel 1921 presentò un rapporto con la conclusione che *"né la teoria della relatività generale, né quella della relatività ristretta, meritavano un Premio Nobel"*, per cui *"non c'erano le basi per assegnarlo a Einstein"*. Il Comitato decise quindi di non assegnare il premio del 1921. Trascorse un anno, e Gullstrand aggiornò il rapporto, giungendo alla stessa conclusione. Il Comitato allora chiamò un giovane fisico teorico, Carl Oseen (l'amico dei fratelli Bohr), e gli affidò l'incarico di presentare una relazione sull'articolo di Einstein del 1905, riguardante il concetto dei quanti di luce e l'effetto fotoelettrico (Capitolo 2). Oseen presentò una relazione molto favorevole, e così a Einstein fu conferito il premio del 1921. La motivazione parlava solo dell'effetto fotoelettrico: il concetto del quanto di luce suscitava ancora troppe controversie tra i fisici quantistici. Si chiudeva così, felicemente, il 'caso Einstein' (il quale era stato più di una volta proposto per il Nobel, durante i dieci anni precedenti).

Einstein non era a Berlino, quando arrivò il telegramma con l'annuncio del premio. Era in viaggio, con la moglie Elsa, per il Giappone, dove terrà delle conferenze a migliaia di persone, e sarà ricevuto dall'Imperatore al Palazzo Imperiale. Durante il viaggio di ritorno visiterà la Palestina, anche qui ricevuto come un capo di stato, e acclamato dalle folle. Ritornerà a Berlino nel mese di marzo 1923, e sarà l'ambasciatore svedese presso il governo tedesco a consegnargli il diploma e la medaglia del premio.

Il Festival Bohr

Nel mese di giugno 1922, all'università di Gottinga, ebbe luogo il 'Festival Bohr', una serie di conferenze tenute da Niels Bohr, sulla teoria quantistica e la struttura atomica. Bohr, in quell'occasione, descrisse un ingegnoso metodo, che utilizzava il principio di corrispondenza (Capitolo 3), e i risultati sugli spettri atomici, ottenuti dai fisici sperimentali, per spiegare come gli elettroni sono distribuiti intorno ai nuclei degli atomi su dei 'gusci' concentrici. Con questo metodo, Bohr riuscì a spiegare le relazioni che esistono tra gli elementi chimici della tavola periodica in termini di struttura atomica.

Il metodo di Bohr fu confermato, nello stesso anno, da una previsione brillante. A quei tempi, la tavola periodica presentava delle 'lacune', in corrispondenza di elementi sconosciuti. Applicando il suo metodo, Bohr predisse le proprietà di questi elementi mancanti e suggerì, in particolare, che l'elemento con numero atomico $Z = 72$ doveva presentare delle proprietà simili a quelle del tantalio e dello zirconio, in contrasto con le previsioni dei modelli atomici allora in circolazione.

Nel mese di ottobre, Bohr ricevette la notizia che gli era stato conferito il Premio Nobel: "*Per i suoi contributi nell'investigazione degli atomi e della radiazione che essi emettono*". All'inizio di dicembre partì per Stoccolma, per partecipare alla cerimonia della premiazione. Intanto nel suo istituto, de Hevesy e l'olandese Dirk Coster trascorrevano ore febbrili per portare a termine un esperimento, che doveva provare l'esistenza dell'elemento chimico con $Z = 72$, e con le proprietà del suo spettro previste da Bohr. Alla vigilia della cerimonia, Bohr ricevette l'attesa notizia: l'elemento era stato effettivamente scoperto! Gli era stato assegnato il nome *hafnio*, da *Hafnia*, il nome latino della città di Copenaghen. Bohr poté così darne l'annuncio durante la lezione Nobel. ("*Mentre Coster telefonava i risultati a Bohr, de Hevesy prese il treno per Stoccolma, e arrivò in tempo per la lezione Nobel* [*di Bohr*]".)

L'ascesa della fisica americana

Durante gli anni venti, gli Stati Uniti cominciarono a comparire sulla scena della fisica moderna. Il Premio Nobel per la fisica 1923 fu conferito a Robert Millikan per i suoi risultati sperimentali sulla determinazione della carica dell'elettrone e per i suoi esperimenti sull'effetto fotoelettrico (che abbiamo descritto nel capitolo precedente). Così Millikan diventò il secondo Nobel americano, dopo Albert Michelson. Nello stesso anno (1923) un altro fisico americano, di nome Arthur Compton, terminava una serie di esperimenti, i quali confermavano in modo spettacolare l'ipotesi dei quanti di luce di Einstein.

L'effetto Compton

Nel 1922, il trentenne Arthur Compton era un professore di fisica alla Washington University di St. Louis (Missouri). Aveva conseguito il diploma al College di Wooster (Ohio), la città dove era nato nel 1892. Il padre (professore di filosofia e preside dello stesso college, e pastore presbiteriano) dissuase Arthur dall'intraprendere la carriera religiosa, e gli consigliò di dedicarsi alla scienza, una missione, egli disse, "*ancora più valida di quella di ministro religioso*". Arthur si dedicò così alla fisica e, nel 1918, conseguì il Ph.D. all'università di Princeton. L'anno successivo partì per l'Inghilterra, con una borsa di studio. Andò al Cavendish Laboratory, dove partecipò ad alcuni esperimenti sull'assorbimento dei raggi X e gamma nella materia.

Quando ritornò a St. Louis, continuò le ricerche sullo stesso argomento, e progettò un esperimento per studiare la diffusione dei raggi X da parte degli elettroni degli atomi. Compton inviò un fascio di raggi X contro un sottile strato di materia, e scoprì che alcuni dei raggi diffusi emergevano con una lunghezza d'onda più lunga (una frequenza minore) di quella dei raggi incidenti.

Come si poteva spiegare questo fatto imprevisto? I raggi X erano pur sempre onde elettromagnetiche, come aveva dimostrato Max Laue nel 1912 (Capitolo 3). Tuttavia, l'elettromagnetismo classico non offriva alcuna spiegazione al nuovo fenomeno scoperto. Compton, invece, interpretò l'effetto, utilizzando l'ipotesi dei quanti di luce e la teoria della relatività ristretta di Einstein. Egli pensò a un quanto di radiazione X (un fotone X, si direbbe oggi), che colpisce un elettrone di un atomo, come se fosse la collisione di una biglia da biliardo in movimento contro una biglia ferma. Il fotone possiede non solo energia (uguale a $h \times frequenza$, h = costante di Planck), ma anche quantità di moto (uguale a $h/c \times frequenza$, c = velocità della luce nel vuoto). Nella collisione, il fotone cede parte della sua energia e della sua quantità di moto all'elettrone, il quale si muove in una determinata direzione. A sua volta, il fotone è diffuso in una direzione diversa, e con una frequenza minore (ossia, con una lunghezza d'onda maggiore), esattamente come i risultati di Compton indicavano.

Dopo questo esperimento, l'idea di Einstein del 1905 dei quanti di luce cominciò finalmente a essere presa in considerazione.

Sommerfeld commentò così i risultati di St. Louis:

"*È probabilmente la scoperta più importante che potesse essere fatta nell'attuale stato della fisica*".

Einstein scrisse un articolo di divulgazione per un giornale tedesco, che terminava con queste parole:

"*Il risultato positivo dell'esperimento di Compton prova che la radiazione si comporta come se consistesse di proiettili discreti di energia...*".

Ci si convinse allora che la luce, e tutte le altre radiazioni elettromagnetiche, si comportano come onde o come particelle, a seconda del tipo di esperimento eseguito. Rimaneva purtuttavia la domanda: come si possono conciliare le onde e le particelle? Vedremo come risponderà al dualismo *onda-corpuscolo* la meccanica quantistica.

Luce: onde e corpuscoli

Aspetto ondulatorio

Interferenza, diffrazione (T. Young, 1802, A. J. Fresnel, 1818)
Diffrazione raggi X (M. Laue, 1912)

Aspetto corpuscolare

Effetto fotoelettrico (A. Einstein, 1905)
Effetto Compton (A. Compton, 1923)

Il principe rivoluzionario

I primi segnali della seconda ondata della rivoluzione dei quanti, vennero da un aristocratico francese: il Principe Louis de Broglie.

Louis de Broglie era nato a Dieppe, una cittadina francese sulla costa dell'Alta Normandia, nel 1892. Discendeva dai Broglia di Chieri, una nobile famiglia originaria del Piemonte (oggi Italia), che si era trasferita in Francia nel XVII secolo, al seguito del Cardinale Mazzarino (i de Broglie diedero alla Francia marescialli, uomini politici, diplomatici e accademici).

Louis studiò alla Sorbonne, e dopo essersi laureato in storia e in diritto, scelse di dedicarsi agli studi di matematica e fisica. Conseguì una laurea in scienze nel 1913 e, l'anno successivo, allo scoppio della prima guerra mondiale, fu chiamato a svolgere il servizio militare presso la stazione radio della Tour Eiffel. Alla fine della guerra riprese gli studi, incoraggiato dal fratello Maurice (di diciassette anni più grande), il quale era un eccellente fisico sperimentale, noto per i suoi lavori sui raggi X e sull'effetto fotoelettrico (conduceva i suoi esperimenti nel laboratorio privato che aveva attrezzato nella dimora di famiglia, in Rue Byron, a Parigi). A differenza del fratello, Louis era più attratto dagli aspetti teorici della fisica. Così descriveva i suoi interessi scientifici:

"Avendo l'attitudine mentale di un puro teorico,... fui attratto dai problemi della fisica atomica... Erano le difficoltà concettuali che questi problemi sollevavano: il mistero che avvolgeva la costante di Planck h..., [il] dualismo delle onde e dei corpuscoli, che sembrava affermarsi sempre più nel regno della fisica". [1]

Nel 1923, de Broglie ebbe la brillante idea di unificare i concetti di particella e di onda:

"Dopo una lunga riflessione, in solitudine e meditazione, improvvisamente ebbi l'idea, durante l'anno 1923, che la scoperta fatta da Einstein nel 1905 dovesse essere generalizzata, estendendola a tutte le particelle di materia e, in particolare, agli elettroni". [2]

Il 25 novembre 1924, de Broglie discusse la sua tesi di dottorato alla Sorbonne. Essa conteneva i risultati delle sue ricerche, che aveva presentato nell'anno precedente all'Accademia delle Scienze di Parigi. Egli suggeriva che, così come le onde luminose potevano agire come particelle in determinate circostanze, anche le particelle di materia potevano manifestare un comportamento ondulatorio. Inoltre, suggerì come si potesse cercare la conferma sperimentale delle sue idee: un fascio di elettroni veloci, nell'attraversare un'apertura di dimensioni piccole (se confrontate con la lunghezza d'onda degli elettroni del fascio), avrebbe potuto produrre fenomeni di diffrazione. Paul Langevin, uno degli esaminatori di Louis, inviò una copia della tesi a Einstein, il quale, in una lettera a Lorentz, scrisse:

"Un fratello più giovane di... [Maurice] de Broglie ha intrapreso un tentativo molto interessante di interpretare le regole quantistiche di Bohr-Sommerfeld... Credo che sia il primo debole raggio di luce sui complicati enigmi della

nostra fisica".

Le onde di materia

De Broglie considera, per prima cosa, la doppia natura della luce. Essa si comporta come un'onda elettromagnetica, caratterizzata dalla sua frequenza; e si comporta anche come una particella (un fotone), caratterizzata dalla sua energia (uguale a *h×frequenza*). Per simmetria, de Broglie pensa che una particella di materia (dotata di una massa), la quale possiede una quantità di moto (*massa×velocità*), si comporta anche come un'onda. Questa *onda di materia*, come la chiama, è caratterizzata da una lunghezza d'onda, detta '*lunghezza d'onda de Broglie*', legata alla quantità di moto della particella, esattamente come la lunghezza d'onda di un'onda luminosa è legata alla quantità di moto del fotone associato ad essa (*lunghezza d'onda = h/quantità di moto*).

La brillante e rivoluzionaria idea di de Broglie fornì, tra le altre cose, una base quantitativa per l'atomo quantistico di Bohr. Infatti, le orbite circolari stazionarie di Bohr sono quelle che contengono esattamente un numero intero (1, 2, 3, …) di lunghezze d'onda de Broglie.

Un po' di più

Che cosa sono le onde stazionarie?

Secondo de Broglie, un'orbita stazionaria di Bohr contiene delle *onde stazionarie* di materia. Che cosa sono le onde stazionarie? Si incontrano anche nella fisica classica. Per esempio, quando una corda tesa di una chitarra, fissa ai suoi due estremi, è pizzicata, si producono onde particolari, dette appunto *onde stazionarie*. Esse hanno frequenze diverse, alle quali corrispondono note diverse. I valori delle loro frequenze sono multipli interi (1, 2, 3,…) di una frequenza fondamentale, legata alla lunghezza della corda e alla velocità di propagazione dell'onda.

Aspettando una nuova fisica

In attesa di una nuova teoria quantistica, diamo uno sguardo alle ultime scoperte della 'vecchia teoria'.

Tra i caffè di Schwabing

Parliamo ora di Wolfgang Pauli, il brillante fisico quantistico della nuova generazione, che abbiamo già incontrato. Pauli era otto anni più giovane di de Broglie. Era austriaco, nato nel 1900 a Vienna, a quei tempi la capitale dell'impero austro-ungarico, e il centro di una fiorente cultura. Suo padre era un professore di biochimica all'università della città, e amico del filosofo positivista Ernst Mach, il quale fu il padrino di battesimo del piccolo Wolfgang. Pauli dirà, anni dopo, che l'influenza che Mach ebbe su di lui fu *"il più importante evento della mia vita intellettuale"*. Dopo avere frequentato il *Gymnasium*, andò all'università di Monaco di Baviera, dove proseguì gli studi sotto la guida di Arnold Sommerfeld.

A Monaco, il diciottenne Pauli fu irresistibilmente attratto dallo stile di vita *bohémien* di Schwabing, il quartiere frequentato da scrittori, artisti, aspiranti politici, intellettuali, futuri rivoluzionari, prostitute (alcuni nomi famosi: Thomas Mann, Paul Klee, Lenin, Wassily Kandinsky, Adolf Hitler). Ogni sera andava a godersela nei caffè e nelle birrerie, dove rimaneva fino a notte inoltrata. All'università non lo si vedeva prima di mezzogiorno, suscitando i rimproveri del professor Sommerfeld. Pauli era particolarmente interessato alle lezioni di fisica atomica che, per sua fortuna, Sommerfeld teneva verso sera, due volte la settimana. Nel 1921 conseguì il dottorato, e nel corso dell'anno, su incarico dello stesso Sommerfeld, scrisse e pubblicò sull'*Enciclopedia delle Scienze Matematiche* tedesca un articolo di rassegna di duecentotrentasette pagine sulla relatività ristretta e generale, che Einstein apprezzò con queste parole di ammirazione:

"Nessuno che studi questo lavoro, maturo e magnifica-

mente concepito, crederebbe che l'autore sia un giovane di ventun anni".

Nel 1922, Pauli si trasferì a Gottinga dove, per un anno, fu assistente di Max Born, il professore di fisica teorica che voleva attrarre giovani e brillanti fisici nel nuovo istituto che stava creando. Nel mese di giugno, l'istituto di Born ospitò il *'Festival Bohr'*, e Pauli vi partecipò. Qui incontrò Bohr per la prima volta, e fu l'inizio di una nuova fase della sua vita scientifica. Fece lunghe discussioni con l'inventore della teoria quantistica dell'atomo. Bohr fu colpito dal brillante allievo di Sommerfeld, e lo invitò a trascorrere un anno presso il suo istituto. Fu così che, verso la fine del mese di settembre, Pauli approdò a Copenaghen.

Il principio di Pauli

A Copenaghen, Pauli si dedicò allo studio degli spettri degli atomi, quando questi si trovano in un campo magnetico. Andò all'università di Tubinga, nell'istituto di Alfred Landé, ad analizzare i dati sperimentali che si riferivano agli spostamenti delle righe spettrali degli atomi, quando su di essi agisce un campo magnetico. Egli intuì che, per dare una spiegazione a questo effetto, i tre numeri quantici (n, l, m, Capitolo 3) della vecchia teoria di Bohr-Sommerfeld, che identificavano gli stati quantici di un atomo, non erano sufficienti. Egli propose che un quarto numero quantico, che poteva assumere solo valori seminteri, doveva essere aggiunto agli altri tre. Questa idea originale lo portò a formulare un nuovo principio della fisica quantistica, che diventerà in seguito famoso, e al quale assegnò il nome di *'principio di esclusione'*.

Il principio di Pauli afferma che due elettroni non possono occupare lo stesso stato quantico di un atomo; ossia, due elettroni non possono avere la stessa serie dei quattro numeri quantici (potremmo dire, con un linguaggio più popolare: due elettroni non possono avere lo stesso 'codice a barre'). Pauli presentò il suo principio nella primavera del 1925, durante un seminario all'università di Amburgo, dove, dal 1923, si era trasferito come professore associato. Terminò il seminario con la seguente osservazione: "*Non posso dare una ragione più precisa di questa regola*".

Lo spin dell'elettrone

L'interpretazione fisica del principio di Pauli fu data da due giovani teorici olandesi: George Uhlenbeck e Samuel Goudsmit. Nel 1925, Uhlenbeck aveva venticinque anni, e frequentava l'università di Leida, dove studiava per conseguire il dottorato. Nello stesso tempo, gli era stato affidato il compito di seguire, come tutor, il giovane Goudsmit, il quale stava preparando la propria tesi di laurea. Nel mese di settembre, Goudsmit parlò all'amico del nuovo numero quantico proposto da Pauli. Improvvisamente a Uhlenbeck venne un'idea:

"*Mi venne in mente che, poiché (come avevo imparato) a ciascun numero quantico corrisponde un grado di libertà [del moto] dell'elettrone, il significato del quarto numero quantico era che l'elettrone aveva un grado di libertà in più, in altre parole, l'elettrone ruotava [su se stesso]*".

Uhlenbeck e Goudsmit pubblicarono immediatamente la loro idea su una rivista scientifica, sostenendo che un elettrone non ha solo un moto orbitale intorno al nucleo di un atomo (caratterizzato dal numero quantico l), ma ha anche un '*moto di rotazione*' su se stesso (analogo al moto della Terra intorno al proprio asse), comunemente denominato '*spin*', e caratterizzato dal numero quantico di *spin* (indicato con il simbolo s). Perciò, gli stati quantici degli atomi sono completamente identificati da quattro numeri quantici (n, l, m, s). I primi tre assumono solo valori interi (1, 2, 3, ...), mentre lo *spin* ha un unico valore: 1/2, e il numero quantico di *spin* può essere $s = +1/2$ (etichetta convenzionale: *spin verso l'alto*), oppure $s = -1/2$ (etichetta convenzionale: *spin verso il basso*).

Grazie al principio di esclusione di Pauli e al concetto di *spin* dell'elettrone, fu possibile derivare la struttura e le proprietà chimiche degli atomi con molti elettroni, giungendo così a una spiegazione completa e soddisfacente del sistema periodico degli elementi. [3]

Per approfondire

Che cos'è lo spin?

Uhlenbeck e Goudsmit interpretarono lo *spin* come una grandezza fisica (in meccanica classica denominata 'momento angolare') associata alla rotazione dell'elettrone su se stesso. In seguito apparve evidente che il concetto di *spin* è puramente quantistico e non esiste l'equivalente in meccanica classica. Lo spin è semplicemente una proprietà intrinseca delle particelle, come la massa e la carica elettrica, e ha valori che sono multipli interi di $1/2 \times$(unità di *spin*). Esempi: lo *spin* dell'elettrone e del protone è $1/2$; lo *spin* del fotone è 1 (si deve intendere: $1/2 \times$(unità di *spin*), $1 \times$(unità di *spin*)). Spin dell'elettrone 'su' (o '*verso l'alto*') significa convenzionalmente che il numero quantico è $s = + 1/2$, a cui corrisponde un livello di energia; spin dell'elettrone '*giù*' (o '*verso il basso*') significa convenzionalmente che $s = - 1/2$, a cui corrisponde un altro livello di energia. [4]

Sciocchezze!

Ralph Kronig era un giovane fisico, nato a Dresda (Germania). Dopo avere conseguito il Ph.D. alla Columbia University di New York, nel 1925, ritornò in Europa, e visitò alcuni centri di ricerca, tra i quali l'istituto di Bohr.

Molti mesi prima di Uhlenbeck e Goudsmit, aveva elaborato una teoria che riguardava proprio lo *spin* dell'elettrone. Ebbe però l'infelice idea di parlarne con Pauli, quando questi era a Tubinga, per analizzare i dati sperimentali che gli permisero di arrivare al principio di esclusione. Pauli, il quale era famoso per essere un critico feroce (a chiunque gli proponeva una nuova idea, rispondeva: '*Sciocchezze!*') ridicolizzò l'ipotesi dello *spin*, dicendo: "*È molto intelligente, ma non ha nulla a che fare con la realtà*".

Il giudizio di Pauli scoraggiò Kronig, al punto che non pubblicò una sola riga sull'argomento. L'anno successivo, Kronig scrisse a Kramers (con il quale aveva parlato della sua idea, quando era a Copenaghen), riferendogli il giudizio di Pauli, e aggiungendo: *"Nel futuro, crederò di più ai miei giudizi, e meno a quelli degli altri"*. Kronig, oltre a essere un eccellente fisico (diede importanti contributi alla spettroscopia dei raggi X), era anche un gentiluomo. Non serbò rancore nei confronti di Pauli, e i due rimasero amici per molti anni.

Sistemi di particelle

La statistica di Bose-Einstein

Nel mese di giugno del 1924, Einstein ricevette una lettera da Satyendra Nath Bose, un giovane fisico indiano dell'università di Dacca (allora in India, oggi capitale del Bangladesh). La lettera accompagnava un articolo, scritto in inglese, nel quale Bose dimostrava come la vecchia legge della radiazione di corpo nero di Planck poteva essere dedotta in un modo nuovo, applicando le leggi statistiche ai quanti di luce (fotoni). Einstein si rese subito conto dell'importanza del lavoro di Bose; lo tradusse in tedesco, e lo inviò alla rivista *Zeitschrift für Physik*, raccomandandone la pubblicazione.

Subito dopo, Einstein applicò le regole del giovane indiano agli atomi e ai sistemi di particelle che si comportano, dal punto di vista statistico, come il fotone, e tra il 1924 e il 1925 pubblicò due articoli sull'argomento. In essi, Einstein dimostrava che un gas, composto di un grande numero di atomi che seguono le regole statistiche proposte da Bose, e che non interagiscono tra di loro, quando è raffreddato a temperature estremamente basse (in prossimità dello zero assoluto; ossia, zero kelvin = -273 gradi centigradi), si condensa in un nuovo stato quantico macroscopico. È questo il quinto stato della materia (gli altri quattro sono: solido, liquido, gas, plasma), ed è noto come il '*condensato di*

Bose-Einstein' (solo nel 1995 si riuscì a realizzarlo in laboratorio, Capitolo 6).

In seguito fu dimostrato che il fotone, e tutte le particelle (o i sistemi di particelle) che seguono la stessa statistica, hanno *spin* intero (1, 2, 3, …). Sono dette *bosoni* e l'insieme delle leggi statistiche che regolano il loro comportamento costituiscono la *statistica di Bose-Einstein*. [5]

La statistica di Fermi-Dirac

La statistica di Bose-Einstein si applica a sistemi che sono costituiti da particelle, le quali hanno uno *spin* intero (esempi: fotoni, atomi di elio). E per le particelle di spin 1/2, come gli elettroni? Ci sono leggi statistiche che regolano il loro comportamento? Certo che ci sono, e furono scoperte, nello stesso periodo, dal fisico italiano Fermi.

Enrico Fermi era nato a Roma nel 1901, figlio di un funzionario delle ferrovie e di una maestra delle scuole elementari. A diciassette anni divenne un allievo della prestigiosa Scuola Normale Superiore di Pisa. (La Scuola Normale è legata all'università della città, e fu fondata nel 1810 da Napoleone sul modello dell'École Normale Supérieure di Parigi.) Nel 1923 e 1924 Fermi si recò, con una borsa di studio, prima a Gottinga e poi a Leida. Nell'anno successivo si trasferì all'università di Firenze, come professore associato di fisica matematica. È durante questo periodo che pensò alla nuova statistica da applicare alle particelle di *spin* 1/2, dopo avere letto l'articolo di Pauli sul principio di esclusione.

Le nuove regole statistiche le pubblicò all'inizio del 1926 e, verso la fine dell'anno, a Cambridge, Paul Dirac le riscrisse, utilizzando i principi della nuova meccanica quantistica, che era appena nata.

Da allora, le particelle (o i sistemi di particelle) con *spin* seminteri (1/2, 3/2, 5/2, …) sono dette *fermioni*, e le leggi statistiche che regolano il loro comportamento costituiscono la *statistica di Fermi-Dirac*. [5]

LA NUOVA FISICA QUANTISTICA

La *meccanica quantistica*, la seconda teoria rivoluzionaria del ventesimo secolo (l'altra è la *teoria della relatività*), vide la luce nell'estate del 1925, fu sviluppata nel 1926 e completata nel 1927. I principali architetti della nuova teoria sono tre fisici: il tedesco Werner Heisenberg, l'inglese Paul Dirac, e l'austriaco Erwin Schrödinger.

La meccanica quantistica, nelle parole di Victor Weisskopf, segnò *"una svolta nel modo di comprendere la natura, paragonabile alla scoperta della gravitazione universale da parte di Newton, alla teoria elettromagnetica della luce di Maxwell, e alla teoria della relatività di Einstein"*.

Le matrici di Heisenberg

Werner Heisenberg era nato nello stesso anno di Fermi (1901), a Würzburg, la città dove Röntgen aveva scoperto i raggi X. Quando aveva otto anni, il padre divenne titolare della cattedra di filologia greca all'università di Monaco di Baviera, e la famiglia si trasferì in quella città.

Werner frequentò il *Maximilian Gymnasium*, lo stesso frequentato da Max Planck, quando il direttore era il nonno materno dello stesso Werner. Le sue materie preferite erano la matematica e la filosofia. Anni dopo ricorderà come la lettura del *Timeo* di Platone gli ispirò una visione semplice e affascinante degli atomi:

"*[Platone descriveva] le più piccole particelle di materia come fossero dei triangoli rettangoli che si combinavano in coppie... e si raggruppavano nei quattro solidi regolari della geometria: cubi, tetraedri, ottaedri e icosaedri. Questi quattro solidi formavano a loro volta i quattro elementi: terra, fuoco, aria e acqua...Tutto ciò mi sembrava una folle congettura... Ciononostante, ero affascinato dall'idea che le più piccole particelle di materia potessero essere ridotte a forme geometriche*". [6]

Dopo la sconfitta subita dalla Germania nella prima guerra mondiale, la situazione politica nel paese diventò molto instabile. Nella primavera del 1919, un gruppo di rivoluzionari, seguaci di Lenin, tentarono di instaurare a Monaco, e nel resto della Baviera, un regime comunista. Ne seguì un'offensiva dei nazionalisti, i quali fecero appello agli studenti liceali. Fu così che Werner partecipò alla breve guerra civile che ebbe luogo a Monaco (egli scriverà: "*Ero un ragazzo di diciassette anni, e la consideravo un'avventura. Era come giocare a guardie e ladri*").

Fu introdotto da un amico nel Movimento Giovanile Bavarese, e riscoprì gli ideali romantici del passato, la bellezza della natura, della musica, e della filosofia. Questa esperienza accrebbe in lui l'ideale romantico di patria che si manifesterà, durante gli anni Trenta, nella scelta di non lasciare la Germania, anche se non ne condividerà gli orientamenti politici. Nell'autunno del 1920, Heisenberg entrò all'università di Monaco, e iniziò gli studi di fisica teorica, sotto la guida di Sommerfeld. Qui incontrò Pauli, con il quale stabilì un'amicizia che durerà tutta la vita, nonostante che fossero, sotto molti aspetti, uno l'opposto dell'altro. Pauli era basso di statura e corpulento. Heisenberg era atletico e snello. Pauli amava trascorrere lunghe notti nei caffè e nelle birrerie di Monaco. Heisenberg amava le lunghe camminate sulle Alpi, e le escursioni in bicicletta. Pauli era ipercritico e caustico, quando discuteva di fisica con i colleghi (era soprannominato 'la frusta di Dio' o 'il terribile Pauli'). Heisenberg era chiuso e riservato, ma disponibile e affabile.

Gottinga e Copenaghen

Nell'estate del 1922, Heisenberg accompagnò Sommerfeld a Gottinga, per partecipare al *Festival Bohr*. Qui incontrò per la prima volta Max Born e, insieme all'amico Pauli, seguì le conferenze di Bohr. Ne fu completamente soggiogato. Scriverà più tardi:

"Non dimenticherò mai la prima conferenza... Bohr parla-
va lentamente, con un leggero accento danese... Ciascuna
delle sue frasi, formulate con cura, rivelavano una lunga
catena di pensieri sottintesi, di riflessioni filosofiche impli-
cite, mai espresse esplicitamente. Trovai questo approccio
molto avvincente".

Al termine di una conferenza, Heisenberg intervenne nella
discussione, e domandò a Bohr di chiarire alcuni concetti.
Bohr fu colpito dalle osservazioni del giovane allievo di
Sommerfeld, e lo invitò a fare una passeggiata sulle mon-
tagne vicino a Gottinga, per discutere più a fondo le sue
obiezioni. Al termine della lunga camminata, Bohr propose a Heisenberg di andare per alcuni mesi a Copenaghen, dopo che avesse conseguito il dottorato a Monaco.
Heisenberg ricorderà anni dopo:

"La mia carriera scientifica cominciò quel pomeriggio...
Improvvisamente, il futuro mi sembrò pieno di speranza e
di nuove possibilità".

Terminato il *Festival Bohr*, Heisenberg ritornò a Monaco.
Sommerfeld gli assegnò l'argomento della tesi di dottorato, dopodiché partì per gli Stati Uniti, per trascorrere un
anno sabbatico all'università del Wisconsin, a Madison.
Heisenbeg allora andò a Gottinga, da Born, per perfeziona-
re la sua preparazione. Qui strinse amicizia con James
Franck, e frequentò i matematici del gruppo dell'insigne
David Hilbert. Collaborò anche con Born in una ricerca
teorica riguardante l'atomo di elio, e lo stesso Born gli
propose di ritornare, dopo la fine dei suoi studi, per diventare suo assistente.

Heisenberg si presentò a Monaco per sostenere l'esame di
dottorato, nel mese di luglio 1923. L'esame fu un disastro.
L'anziano e illustre professor Wien, che era uno dei membri della commissione, gli fece delle domande sul funzionamento dei microscopi e delle pile elettriche. Heisenberg,
che era ormai diventato un abile fisico teorico, rispose che
non era preparato su argomenti tipicamente sperimentali.
Wien s'infuriò e iniziò un'animata discussione con Som-

merfeld, il quale riuscì a malapena ottenere, per il suo allievo prediletto, una misera sufficienza.

L'ambizioso Heisenberg, deluso e amareggiato, prese il treno della notte per Gottinga, e il mattino seguente si presentò al professor Born. Gli disse con imbarazzo: "*Non credo che lei vorrà ancora accettarmi come assistente*", e raccontò quello che era successo a Monaco. Born, che conosceva il talento di Heisenberg, sorvolò sull'incidente, lo nominò suo assistente (in sostituzione di Pauli che, nel frattempo, si era trasferito ad Amburgo), e lo introdusse nel gruppo di fisici impegnati nello studio della struttura atomica. Nel mese di settembre 1924, si recò a Copenaghen, grazie a una borsa di studio della Fondazione Rockefeller, che Bohr gli aveva procurato. Qui si dedicò allo studio dell'interazione tra la radiazione e gli atomi, imparando molto da una ricerca che Bohr e i suoi collaboratori stavano conducendo sull'argomento.

Ritornò a Gottinga nel maggio del 1925. Aveva ottenuto la nomina a professore associato in quell'università, e aveva iniziato a "*condurre delle ricerche per proprio conto, mantenendo le sue idee segrete e misteriose*" (così ricorderà Born).

La notte di Heligoland

Nel mese di giugno, Heisenberg chiese a Born un permesso di quindici giorni, perché era afflitto da un forte raffreddore da fieno. Si recò a Heligoland, un'isola rocciosa del Mare del Nord, al largo della costa di Amburgo, sperando che la brezza marina del nord gli giovasse. Fu qui, sulle rocce di Heligoland, che il ventiquattrenne Heisenberg fece la sua più grande scoperta: una nuova fisica degli atomi, a cui impose il nome di '*meccanica quantistica*'.

Così descrisse la 'notte di Heligoland':

"*Erano circa le tre di notte quando i risultati dei miei calcoli erano di fronte a me... Ero così eccitato che non potevo pensare di andare a dormire. Così lasciai l'abitazio-*

ne... e attesi il sorgere del Sole in cima a una roccia". [2]

Verso la fine di giugno, Heisenberg ritornò a Gottinga. Il 9 luglio inviò una copia del manoscritto contenente la nuova teoria a Pauli, suo amico e critico:

"Ti mando questo breve manoscritto del mio lavoro perché credo che contenga della vera fisica... Ti prego di rimandarmelo in due o tre giorni, poiché voglio o rendere nota la sua esistenza... oppure bruciarlo".

Pauli gli rispose calorosamente:

"È la prima luce dell'alba della teoria quantistica".

Verso la metà di luglio l'articolo era completo; lo consegnò a Born, il quale così descrisse l'avvenimento:

"Venne da me con un manoscritto; mi chiese di leggerlo e di decidere se valeva la pena pubblicarlo... Ricordo che non lo lessi subito... Ma quando, dopo alcuni giorni, lo lessi, ne fui affascinato... Cominciai a pensare su quel prodotto di simboli, e ne fui subito così coinvolto che ci pensai per tutto il giorno, e non potei nemmeno dormire durante la notte. Sentivo che dietro c'era qualcosa di fondamentale... Poi, un mattino,... improvvisamente apparve la luce: quel prodotto di simboli non era altro che il prodotto di matrici, che mi erano ben note fin da quando ero studente, e che avevo imparato dalle lezioni di Rosanes a Breslau". [6]

Born inviò immediatamente l'articolo alla rivista *Zeitschrift für Physik*, dove fu pubblicato nel numero di settembre. Dopodiché partì con la famiglia per le vacanze estive, sulle Alpi svizzere.

L'articolo dei tre autori

Durante il viaggio per la Svizzera, Born si fermò a Tubinga, dove tenne un seminario all'istituto di Landé, il più importante centro di spettroscopia di tutta la Germania. Così Landé ricorderà quel seminario:

"Egli disse... che [i teorici di Gottinga] avevano scoperto un nuovo approccio alla fisica quantistica, e che ogni cosa [era] dominata da una regola, [per la quale] A moltiplicato B è diverso da B [moltiplicato] A. Non capii nemmeno una parola, e non credo che Born e il gruppo di Gottinga capissero molto di più, al di là delle formule". [6]

Al rientro dalle vacanze, nel mese di settembre, Born collaborò con Pascual Jordan (un altro suo assistente) e, facendo uso delle matrici, interpretarono matematicamente le idee di Heisenberg. Nel mese di novembre, Heisenberg, Born e Jordan scrissero un articolo (noto come '*l'articolo dei tre autori*') nel quale svilupparono tutti i dettagli della meccanica quantistica. Questa teoria diventò nota come '*meccanica delle matrici*'.

––––––

Per approfondire

La meccanica delle matrici

Heisenberg considera che il vecchio modello dell'atomo di Bohr e Sommerfeld sia inadeguato, perché le idee su cui si basa, ossia, le orbite degli elettroni intorno al nucleo, non possono essere osservate direttamente. Egli pensa che ogni tentativo di rappresentare il mondo degli atomi per mezzo di modelli intuitivi, basati su grandezze fisiche che non possono essere determinate negli esperimenti, sia destinato al fallimento. Perciò, egli costruisce una teoria che descrive la struttura degli atomi in termini di grandezze fisiche *osservabili*, come le frequenze e le intensità della luce emessa o assorbita dagli atomi stessi. Per manipolare queste grandezze fisiche, egli associa a ciascuna di esse un'entità matematica, chiamata *matrice*: esiste quindi una matrice delle frequenze, una matrice delle intensità, e così via. Costruisce poi le equazioni matematiche che descrivono l'evoluzione nel tempo di queste matrici, e le usa per ottenere le caratteristiche fisiche degli atomi.

Matrici. Le matrici erano note ai matematici fin dai lontani anni 1850, ma non erano mai state utilizzate nella fisica. Una matrice è una tabella contenente dei numeri, disposti in righe e colonne (la potete immaginare, seguendo il suggerimento di John Gribbin, come una scacchiera, dove in ogni casella c'è un numero). Per esempio, in una matrice delle frequenze, il numero che si trova nella casella all'incrocio tra la prima riga (orizzontale) e la seconda colonna (verticale) (seguendo l'analogia della scacchiera, il numero si troverebbe nella casella del cavallo) è associato alla frequenza della luce emessa da un atomo, quando questo compie un salto quantico tra il livello di energia etichettato con il numero quantico $n = 2$ e il livello etichettato con $n = 1$. (Se, invece, la luce è assorbita dall'atomo, il salto quantico è tra il livello di energia etichettato con $n = 1$ e il livello etichettato con $n = 2$.) [7]

―――――

Uno studente di Cambridge

L'altro personaggio chiave della seconda rivoluzione dei quanti è Paul Dirac, un tranquillo e timido giovane di ventitré anni, studente di ricerca all'università di Cambridge. Nel 1921, Dirac si era laureato in ingegneria elettrotecnica all'università di Bristol, la sua città natale. Aveva poi scoperto la passione per la matematica, ed era diventato un allievo del St. John College di Cambridge. Nel 1925 stava seguendo gli ultimi corsi di dottorato in matematica, sotto la supervisione del fisico matematico Ralph Fowler. Ed ecco la storia di come Dirac, nel breve tempo di un anno, diventò un protagonista della fisica internazionale.

Verso la fine del mese di luglio 1925, dopo avere consegnato il manoscritto del suo famoso articolo al professor Born, Heisenberg andò a Leida e a Cambridge per tenere una serie di conferenze. Al Cavendish Laboratory parlò della fisica quantistica, senza menzionare il suo recente lavoro. Ne parlò privatamente con Fowler. Ritornato a Gottinga, inviò una copia delle bozze del suo articolo a Fowler, il quale lo trasmise a Dirac.

Quando Dirac lo lesse, si rese subito conto che il punto essenziale dell'articolo era costituito da quelle strane entità matematiche (le famose matrici). Il loro prodotto obbediva a una strana regola, che dipendeva dall'ordine con il quale si eseguiva la moltiplicazione di due di quelle entità. (Tutti abbiamo imparato a scuola che, se moltiplichiamo due numeri, per esempio 2 e 3, allora 2×3 = 3×2 = 6; al contrario, se moltiplichiamo due matrici, A e B, allora il prodotto A×B è in generale differente dal prodotto B×A! Non c'è dubbio che è un po' più complicato moltiplicare tra di loro due scacchiere!). [7]

Dirac cominciò a essere ossessionato da questo rompicapo, che era il punto centrale del formalismo matematico sottostante la teoria di Heisenberg. Improvvisamente si ricordò di avere già incontrato delle entità matematiche analoghe. Racconta:

"[*Durante*] *una delle mie solite passeggiate domenicali… mi ricordai di qualcosa che avevo letto nei libri di dinamica avanzata circa queste strane quantità… L'idea mi venne in mente come un lampo, e mi creò una certa eccitazione… Mi precipitai a casa,… cercai tra gli appunti che avevo preso alle varie lezioni, ma non trovai nulla… Non avevo altro da fare che aspettare con impazienza tutta la notte, per sapere se quella era una buona idea oppure no… Il mattino seguente mi precipitai in una delle biblioteche, appena fu aperta, trovai quelle entità nel libro 'Dinamica Analitica' di Whitaker, e scoprii che erano proprio ciò di cui avevo bisogno*". [8]

Dirac aveva scoperto che un noto formalismo matematico della meccanica classica, sviluppato dal matematico irlandese William Rowan Hamilton, un secolo prima, poteva essere utilizzato, solo se si sostituiva alle entità matematiche classiche le famigerate matrici quantistiche. Fu così che riformulò le equazioni di Heisenberg in una nuova forma. Fowler intuì immediatamente l'importanza del lavoro di Dirac, e lo spinse a pubblicarlo. Apparve, infatti, sui *Proceedings of the Royal Society* nel dicembre 1925.

Nella primavera dell'anno successivo, Dirac scrisse la tesi di dottorato, dove sviluppò le sue idee originali. In settembre andò a Copenaghen da Bohr, e poi a Gottinga da Born, dove preparò un ampio lavoro nel quale presentò in modo dettagliato la 'sua' meccanica quantistica.

La teoria di Heisenberg e quella di Dirac rappresentavano l'elettrone di un atomo come una particella che compie una transizione (un salto) tra due stati quantici. Negli stessi mesi stava apparendo sulla scena una terza teoria, che si rifaceva all'idea di de Broglie, secondo la quale gli elettroni, e le altre particelle materiali, potevano essere rappresentate come delle onde.

Eros e scienza

Occupiamoci ora del terzo contributo alla nuova ondata della rivoluzione dei quanti, quello di Erwin Schrödinger, un professore di fisica teorica dell'università di Zurigo.

Schrödinger era nato nel 1887 a Vienna. Al *Gymnasium* i suoi interessi erano molteplici: dalla matematica alla fisica, dalla poesia tedesca alla logica. Dal 1906 al 1910 frequentò l'università di Vienna, dove studiò fisica, e dove conseguì il dottorato. Dopo il servizio militare, ottenne un posto di assistente di fisica sperimentale nella stessa università (molti anni dopo, ricorderà questo inizio di carriera come un'esperienza molto utile per la sua attività di fisico teorico). Nel 1914, dopo lo scoppio della prima guerra mondiale, fu richiamato alle armi, e fu inviato come ufficiale di artiglieria sul fronte italiano. Tre anni dopo fu trasferito a Vienna, con l'incarico di tenere un corso introduttivo di meteorologia ai giovani ufficiali dell'artiglieria contraerea.

Finita la guerra, Schrödinger ritornò all'università di Vienna, dove condusse le sue ricerche sulla teoria della visione dei colori, la natura statistica delle disintegrazioni radioattive, e sulla dinamica dei reticoli cristallini. Nel 1920 accettò un posto all'università di Jena (Germania), come assistente di Max Wien (il fratello di Wilhelm Wien), poi all'università di Stoccarda e infine a Breslau (terzo spostamento in diciotto mesi), con il ruolo di professore associato. Finalmente, nel 1921, ottenne la cattedra di fisica teorica all'università di Zurigo (cattedra che Max Laue aveva lasciata libera, dopo il suo trasferimento a Berlino).

A Zurigo strinse una solida amicizia con il matematico Hermann Weyl e con il fisico Peter Debye, entrambi docenti all'ETH (il famoso politecnico, dove abbiamo incontrato Einstein). Con Weyl condivideva molti dei suoi interessi intellettuali: per la matematica, per le scienze fisiche, per la filosofia. Con entrambi gli amici condivideva le divertenti serate trascorse nei nightclub della città. Era giunto con la moglie Annemarie (Anny) Bertel, figlia di un noto chimico di Salisburgo.

Dopo appena un anno, il loro matrimonio era entrato in crisi: entrambi gestivano la propria vita sentimentale a modo loro. Erwin era un '*seduttore seriale*': era continuamente a caccia di donne, e annotava dettagliatamente in un diario personale le sue numerosissime avventure amorose. Di rimando, Anny era diventata l'amante di Weyl; e la moglie di quest'ultimo, la sofisticata e intellettuale Hella, era stata sedotta da Paul Scherrer, un altro professore di fisica dell'ETH, collaboratore di Debye. Come ricorda Walter Moore, autore di una biografia di Schrödinger [9]:

"[*Nell'ambiente frequentato da Erwin e Anny a Zurigo, le*]... *relazioni extraconiugali non solo erano perdonate, ma erano previste, e sembravano suscitare non troppa apprensione a causa della gelosia*".

La loro strana unione continuerà, tuttavia, per circa quarant'anni (fino al 1961, l'anno della morte di Erwin). Per lui, quello con Anny, non era un matrimonio ideale, ma offriva molti vantaggi. Anny era una moglie eccellente: gli risolveva i problemi della vita di tutti i giorni, gli faceva trovare i cibi e i vini che lui preferiva, lo curava amorevolmente quando era malato. (Pochi mesi dopo il loro arrivo a Zurigo, Erwin si ammalò di tubercolosi, la malattia che gli era stata diagnosticata due anni prima a Vienna. Anny gli fu vicina durante tutti i nove mesi di cura che lui trascorse in una villa-sanatorio sulle Alpi Svizzere.) Nonostante che Erwin non provasse più alcuna attrazione fisica per Anny, lei continuava a essere affascinata dal suo aspetto, dalla sua forte personalità, e dalla sua brillante intelligenza. Gli rimase devota amica per tutta la vita. Una volta disse a un confidente: *"Sarebbe più facile vivere con un canarino, piuttosto che con un cavallo di razza, ma io preferisco il cavallo di razza"*.

La 'dark lady' di Arosa

Dal punto di vista scientifico, i sei anni che Schrödinger trascorse a Zurigo furono i più proficui. Durante questo periodo lavorò sulla struttura degli atomi, sulla statistica quantistica, e sui calori specifici dei solidi. Giunse così il 1925, l'anno in cui ebbe l'occasione di leggere la tesi di dottorato di Louis de Broglie. Nel mese di novembre scrisse a Einstein:

"Alcuni giorni fa ho letto con grande interesse la tesi ingegnosa di Louis de Broglie... [La sua teoria] è straordinariamente affascinante".

All'inizio di dicembre, tenne un seminario all'ETH, dove descrisse, con una chiarezza cristallina, la teoria e le onde di de Broglie. Nella discussione intervenne l'amico Debye, il quale disse che, quando era studente a Monaco, aveva imparato da Sommerfeld che, per parlare di onde, uno doveva avere a disposizione un'equazione delle onde. Sembrava un'osservazione banale ma Schrödinger ci riflettè sopra, nei giorni successivi.

Nel frattempo si avvicinavano le vacanze di fine anno. Erwin decise di trascorrerle ad Arosa, il villaggio delle Alpi svizzere, vicino alla stazione sciistica di Davos, dove aveva trascorso i mesi della sua malattia. Scrisse allora a una sua ex amante, e le chiese di raggiungerlo; poi partì, portando nella valigia la tesi di de Broglie, alcuni quaderni per i calcoli, due perle (che usava mettersi nelle orecchie per attutire i rumori, quando pensava a problemi di fisica), e un libro sulle equazioni differenziali.

Così racconta Moore [9]:

"Erwin scrisse a 'una vecchia amica di Vienna' di rag-

giungerlo ad Arosa, mentre Anny rimaneva a Zurigo. Tutti gli sforzi per stabilire l'identità di questa donna non hanno avuto finora successo... Come la 'dark lady' ['signora oscura'] dei sonetti di Shakespeare, la signora di Arosa potrebbe rimanere per sempre avvolta nel mistero. Sappiamo che non era Lotte, o Irene, o Felicie... Chiunque fosse stata, riuscì a infondere in Erwin un'energia eccezionale: iniziò per lui un periodo di dodici mesi di attività creativa che non ha paralleli nella storia della scienza."

Ad Arosa, Schrödinger scrisse il primo dei quattro famosi articoli sulla 'sua' teoria atomica, nota come *meccanica ondulatoria* (essi furono pubblicati sulla rivista *Annalen der Physik* nella prima metà del 1926, poco tempo dopo che erano apparsi 'l'articolo dei tre autori' e quello di Dirac). Nel primo articolo, egli prese in considerazione l'atomo di idrogeno, e propose un'*equazione delle onde*, le cui soluzioni corrispondevano agli stessi livelli di energia discreti, calcolati con la teoria delle orbite di Bohr e Sommerfeld (allo stesso modo che le soluzioni dell'equazione delle onde elastiche che si propagano lungo una corda vibrante di un violino, corrispondono alle frequenze discrete delle note della musica prodotta).

Di ritorno dalle fantastiche vacanze di Arosa, Schrödinger tenne un secondo seminario a Zurigo, e lo iniziò con queste parole:

"[Durante il precedente seminario, il] mio collega Debye suggerì che bisognava avere a disposizione un'equazione delle onde; ebbene, ne ho trovata una!".

––––––––

Per approfondire

La meccanica ondulatoria

La nostra esperienza quotidiana ci dice che la luce si propaga in linea retta. E infatti, i fisici utilizzano il semplice concetto di raggio luminoso nell'ottica geometrica, la parte dell'ottica che studia, per esempio, come si forma un'immagine attraverso una lente. Schrödinger osserva, nel suo primo lavoro, che le leggi della meccanica classica, che governano il moto di una particella materiale, possono essere messe sotto una forma analoga a quelle dell'ottica geometrica. Tuttavia, l'ottica geometrica fallisce nel descrivere i fenomeni dell'interferenza e della diffrazione della luce. In questi casi bisogna considerare la luce come costituita da onde, le quali si propagano nello spazio vuoto e nei mezzi trasparenti. La propagazione delle onde luminose è governata da un'equazione, detta *equazione delle onde* (è lo stesso tipo di equazione che governa altri tipi di onde, come le onde sonore, le onde della corda vibrante di un violino, o le onde d'acqua in uno stagno). Allo stesso modo, Schrödinger descrive il comportamento di una particella materiale con un'equazione delle onde, nota come *equazione di Schrödinger*. In questo caso però, l'onda che si propaga, e che rappresenta la particella, è un'entità astratta, che porta il nome di *funzione d'onda*, ed è indicata simbolicamente con la lettera greca che si pronuncia '*psi*'.

———

La '*psi*' di Schrödinger

Che cos'è in realtà la funzione d'onda *psi*, rappresentazione matematica delle onde di Schrödinger? Mistero! Nessuno lo sapeva, nemmeno lo stesso Schrödinger! Dovette intervenire Max Born, colui che l'anno precedente aveva interpretato le entità matematiche, che comparivano nella teoria di Heisemberg, come delle matrici. Born diede un'interpretazione fisica della *psi* di Schrödinger in un articolo che pubblicò verso la fine del 1926.

Max Born aveva allora quarantaquattro anni. Era infatti nato a Breslau nel 1882 (allora in Germania, oggi in Polonia, con il nome di Wroclaw). Suo padre era un professore di anatomia della locale università e sua madre apparteneva a una famiglia ebrea di grandi industriali tessili della Slesia. Era stato studente presso le università di Breslau (dove aveva imparato tutto sulle matrici), Heidelberg, Zurigo, Gottinga e Cambridge. Possedeva una straordinaria preparazione in matematica, e nel 1907 aveva ottenuto il dottorato a Gottinga. Aveva lavorato all'università di Breslau, era stato professore di fisica a Berlino e a Francoforte, e nel 1921 era giunto a Gottinga, dove era diventato direttore dell'Istituto di Fisica Teorica. Sotto la sua direzione l'istituto stava diventando uno dei più noti centri scientifici, dove giovani da tutto il mondo venivano a scoprire i misteri della fisica quantistica.

Torniamo ora alla funzione d'onda *psi*. Nel suo articolo del 1926, Born interpretò la funzione *psi* come l'*ampiezza di probabilità* di trovare una particella in un certo punto nello spazio, a un certo istante [10]. Un esempio: per l'atomo di idrogeno, la *psi* è utilizzata per calcolare la probabilità di trovare l'elettrone a una certa distanza dal nucleo. Se, per esempio, l'ampiezza di probabilità della *psi* è vicina allo zero, significa che la probabilità di trovare l'elettrone a quella distanza è circa zero; mentre l'elettrone si troverà con grande probabilità dove l'ampiezza della *psi* ha un valore elevato.

A differenza delle equazioni del moto di Newton, dalle quali si ricavano la posizione e il valore della velocità di una particella, in un determinato istante, l'equazione di Schrödinger descrive solo come evolve la funzione d'onda *psi* con il trascorrere del tempo.

'*Lui*' non gioca ai dadi!

Schrödinger sperava che la sua meccanica ondulatoria diventasse una branca della fisica classica, come la teoria delle corde vibranti. Egli pensava, introducendo le onde rappresentate dalla *psi*, di avere eliminato i salti quantici tra due stati stazionari di un atomo. Immaginava le transizioni di un elettrone da un livello di energia a un altro come un fenomeno continuo, analogo al cambiamento delle vibrazioni della corda di un violino quando il violinista passa da una nota a un'altra. Inoltre, l'onda che compariva nella sua equazione, non era altro che l'onda materiale alla quale faceva riferimento de Broglie. Egli non condivideva, quindi, né i salti quantici di Bohr e di Heisenberg, né l'interpretazione probabilistica della funzione d'onda *psi* proposta da Born. Ricorderà lo stesso Born:

"Gli scrissi riguardo [alla mia interpretazione della psi], e ciò lo rese furioso, perché egli non condivideva [quell'idea]".

Anche Einstein non condivideva quell'idea. In una famosa lettera, scritta allo stesso Born il 4 dicembre 1926, notò:

"La meccanica quantistica si sta certamente imponendo. Tuttavia, una voce dentro di me mi suggerisce che non è ancora la vera soluzione. La teoria dice una grande quantità di cose, ma, in realtà, non ci porta in nessun modo più vicino al segreto del 'Creatore'. Ad ogni modo, io sono convinto, che 'Lui' non gioca ai dadi". [11]

Heisenberg, invece, era seccato con Born, perché si era occupato della teoria di Schrödinger. Gli scrisse che la sua interpretazione statistica della *psi* era *"un tradimento dello spirito della meccanica delle matrici".*

Erwin e Werner a confronto

A distanza di pochi mesi, Heisenberg e Schrödinger, partendo da due diversi punti di vista, avevano creato una nuova teoria, che riproduceva tutti i risultati di Bohr e di Sommerfeld e spiegava molti altri fenomeni che la vecchia teoria non riusciva ad affrontare. I due metodi rappresentavano due differenti forme matematiche della stessa teoria (Schrödinger stesso, e poi Dirac, avevano dimostrato che i due metodi erano equivalenti).

La meccanica delle matrici di Heisenberg utilizzava però una matematica troppo complicata; per cui, la maggioranza dei fisici erano restii a utilizzarla. Pauli, uno dei pochi sostenitori di Heisenberg, aveva applicato la meccanica delle matrici all'atomo di idrogeno e, per ricavare i livelli di energia discreti, aveva riempito una quarantina di pagine, zeppe di formule complicate! Utilizzando l'equazione di Schrödinger, lo stesso problema si risolveva con pochi e immediati calcoli. Questo perché la matematica della meccanica ondulatoria era molto più semplice: erano le stesse equazioni utilizzate nella fisica classica per descrivere i fenomeni ondosi, ed erano ormai oggetto di studio nelle università. La meccanica ondulatoria fu accolta con entusiasmo, specialmente dalla vecchia generazione (Planck, Einstein, Laue, Wien).

Appena letto il primo articolo, Planck scrisse a Schrödinger: *"Può immaginare con quale interesse ed entusiasmo io mi sia immerso nello studio di questo lavoro epocale"*.

Einstein, dal canto suo, aggiunse: *"Sono convinto che lei abbia compiuto un passo avanti decisivo... così come sono convinto che il metodo di Heisenberg-Born ci porti fuori strada"*.

Da Leida, Ehrenfest gli scrisse: *"Sono semplicemente affascinato dalla sua teoria..."*.

Lo stesso Schrödinger non apprezzava la teoria di Heisenberg. Nel terzo articolo della primavera del 1926 scrisse:

"La mia teoria fu ispirata da Louis de Broglie... Non mi è nota alcuna relazione con Heisenberg. Ovviamente, io sapevo della sua teoria, ma mi sentivo scoraggiato, per non dire respinto, da quei metodi dell'algebra trascendentale [delle matrici], che a me sembravano molto difficili".

Non è che Heisenberg fosse molto più tenero nei confronti del rivale. Anzi, era decisamente ostile alla sua teoria. Scrisse a Pauli:

"Quanto più penso agli aspetti fisici della teoria di Schrödinger, tanto più li trovo repellenti... Ciò che Schrödinger scrive sulla possibilità di visualizzarla... lo considero robaccia".

Ancora il professor Wien

Nel mese di luglio 1926, Schrödinger tenne due seminari all'università di Monaco, organizzati da Sommerfeld per diffondere la nuova meccanica ondulatoria. Lo venne a sapere Heisenberg, il quale si trovava a Monaco per trascorrere un periodo di vacanza con i genitori. Si precipitò quindi ad ascoltare la nuova teoria dalla viva voce di Schrödinger. L'aula era affollata; presiedeva l'illustre Wilhelm Wien, il professore che Heisenberg conosceva bene, memore del disastroso esame di dottorato di tre anni prima.

Terminati i seminari, iniziò la discussione. Heisenberg prese il coraggio a due mani, si alzò e chiese a Schrödinger come la sua teoria potesse spiegare i fenomeni d'interazione tra radiazione e materia, che avvenivano attraverso i salti quantici, come la radiazione di corpo nero o l'effetto fotoelettrico. Il professor Wien lo interruppe e, infuriato, lo apostrofò:

"Giovanotto, il professor Schrödinger si occuperà certamente di tutte queste questioni a tempo debito. Dovete capire una buona volta che è finita con tutte quelle sciocchezze senza senso, come i salti quantici". [9]

Heisenberg, mortificato e scoraggiato, scrisse a Bohr dell'accaduto. Il professore decise allora di invitare Schrödinger a Copenaghen per tenere una conferenza sulla meccanica ondulatoria presso la Società Danese di Fisica, e per discutere con lui dei nuovi sviluppi della fisica quantistica.

Schrödinger a Copenaghen

Schrödinger arrivò a Copenaghen il primo ottobre. Fu ricevuto da Bohr e da Heisenberg, il quale così descrisse il soggiorno del suo antagonista [12]:

"Le discussioni tra Bohr e Schrödinger cominciarono già alla stazione, e continuarono ogni giorno dal mattino presto fino a notte inoltrata. Schrödinger era ospite di Bohr nella sua casa, per cui non c'era nulla che potesse interrompere le conversazioni".

Schrödinger tenne una brillante conferenza, nella quale presentò la meccanica ondulatoria e la sua equazione. Nelle conversazioni private con Bohr attaccò il concetto dei salti quantici degli elettroni, quando gli atomi assorbono o emettono le radiazioni, concetto sul quale era basata la teoria di Heisenberg. Bohr cercava continuamente di convincerlo dei meriti della natura discontinua dei fenomeni atomici, mentre per Schrödinger la transizione tra due stati stazionari di un atomo doveva essere un processo continuo, come prevedeva la sua teoria.

L'insistenza di Bohr portò Schrödinger all'esasperazione e disse:

"Se uno deve accettare a tutti i costi questi dannati salti quantici, allora mi dispiace di essere stato coinvolto in questo genere di cose".

Continua Heisenberg:

"Sebbene Bohr fosse normalmente premuroso e amichevole nei suoi rapporti con la gente, in questa occasione mi sembrò quasi un accanito fanatico, uno che non era disposto a fare alcuna concessione".

Per Schrödinger il *tour de force* fu così intenso, che dopo due giorni di discussioni si ammalò. Heinsenberg ricorda come

"... il povero Schrödinger era a letto nella casa di Bohr, e la signora Bohr gli serviva un tè e dei dolci, mentre Niels era seduto vicino al letto e insisteva: 'Ma Schrödinger, lei deve ammettere che...' ".

------ o ------

La tradizione di Gottinga

La seconda ondata della rivoluzione dei quanti ebbe la sua forza propulsiva in due centri: Gottinga e Copenaghen. La scuola di Copenaghen fu creata dal nulla da una sola persona: Niels Bohr. Mentre la scuola di Gottinga emerse da un'antica tradizione nelle discipline della matematica e della fisica. Essa ebbe origine nel diciannovesimo secolo, e raggiunse il suo culmine nei primi decenni del secolo successivo.

Il primo fisico famoso dell'università di Gottinga, nel ventesimo secolo, fu Peter Debye, allievo e assistente di Sommerfeld (giunse nel 1914). All'inizio del 1920, dopo che Debye si era trasferito all'ETH di Zurigo, due nuovi professori approdarono a Gottinga: James Franck (proveniente da Berlino) e Max Born (da Francoforte). Franck divenne il direttore dell'Istituto di Fisica Sperimentale, mentre Born assunse la direzione dell'Istituto di Fisica Teorica.

Fu così che, da questo tandem, ebbe origine l'era di 'Born e Franck' della fisica di Gottinga. Fu qui che, nel 1925, la seconda rivoluzione dei quanti raggiunse il suo apice, con la nascita della meccanica delle matrici di Heisenberg. Questa rivoluzione subito si propagò nel resto dell'Europa, particolarmente grazie ai contributi di Dirac e Schrödinger. Tuttavia, Gottinga e Copenaghen continuarono a essere centri famosi per molti anni ancora, attraendo giovani e brillanti fisici da tutto il mondo.

Gli istituti di Born e di Franck furono frequentati da celebrità come Pauli, Heisenberg, Jordan; Patrick Blackett (Inghilterra), Fritz London e Maria Meyer (Germania); George Uhlenbeck (Paesi Bassi); Leó Szilárd, Eugene Wigner, e Edward Teller (Ungheria); George Gamow e Lev Landau (Russia); Enrico Fermi (Italia), Arthur Compton, Linus Pauling e Robert Oppenheimer (Stati Uniti).

Aneddoti e frammenti

Pauli, assistente di Born

"Pauli è incredibilmente saggio, e molto capace. Per di più è umano, del tutto normale, allegro, e fanciullesco... il piccolo Pauli è molto avvincente... Non avrò mai più un assistente così bravo".

Qualche tempo dopo:

"Ricordo che gli piaceva dormire fino a tardi e che, più di una volta, non si presentò alla lezione delle undici. Alle dieci e trenta mandavamo un nostro bidello a casa sua, per essere certi che si era alzato".

(*Born scrive a Einstein*)

Il viaggio in treno di Bohr

"Il treno per Leida, su cui viaggiava Bohr, si fermò ad Amburgo, dove c'erano Wolfgang Pauli e Otto Stern, i quali erano venuti alla stazione per domandare a Bohr cosa pensasse dello 'spin'... Alla stazione di Leida c'erano Ehrenfest ed Einstein, i quali gli domandarono cosa pensasse dello 'spin'... Dopo Leida, Bohr andò a Gottinga. Qui, alla stazione, incontrò Heisenberg e Pascual Jordan, i quali gli domandarono cosa pensasse dello 'spin'... Nel viaggio di ritorno, il treno si fermò a Berlino. Qui c'era Pauli, il quale era arrivato da Amburgo con il solo scopo di domandare a Bohr cosa ora pensasse dello 'spin'. Bohr disse che era un grande passo avanti; al che Pauli replicò: 'Una nuova eresia di Copenaghen' ''.

(*Abraham Pais*) [2]

Come un vagabondo (Schrödinger)

"Quando veniva alle conferenze Solvay, arrivava a piedi all'albergo, proveniente dalla stazione,... portava tutti i suoi bagagli in uno zaino, e sembrava un vagabondo, così che doveva discutere non poco al banco della reception

prima che gli fosse assegnata una camera".

(*Paul Dirac*)

Monaco, Gottinga, Copenaghen

"Da Sommerfeld ho imparato l'ottimismo, a Gottinga la matematica, e da Bohr la fisica".

(*Werner Heisenberg*)

Pauli

"Quando discute con i colleghi, / tutto il suo corpo oscilla. Quando difende una tesi, / le vibrazioni non si attenuano. Sfavillanti teorie egli svela, / mordicchiandole dalle unghie!" [13]

Un genio (Schrödinger)

"La sua vita privata sembrava strana a dei borghesi come noi. Ma tutto questo non ha importanza. Era la persona più amabile, indipendente, divertente, mutevole, gentile e generosa, e aveva un cervello tra i più perfetti ed efficienti".

(*Max Born*)

Sommerfeld mi chiese ...

" 'Le farebbe piacere conoscere Bohr?'... Esitai per un attimo, perché il biglietto fino a Gottinga andava oltre quanto potessi allora permettermi. Sommerfeld probabilmente capì il mio imbarazzo, e subito aggiunse che le spese sarebbero state a suo carico".

(*Werner Heisenberg*)

L'effetto Pauli

Oltre al *principio di Pauli*, esiste il cosiddetto '*effetto Pauli*'. Consiste in questo: appena Pauli entrava in un laboratorio, gli strumenti si rompevano. Un giorno, la strumentazione di James Franck improvvisamente si ruppe, senza alcun motivo apparente. Si venne poi a sapere che il fatto era avvenuto durante la sosta, nella stazione di Gottinga, del treno che portava Pauli da Amburgo a Copenaghen!

Erwin e Ithi

"Dopo il trionfo della sua meccanica ondulatoria, egli accettò di [dare lezioni di matematica] a due gemelle di quattordici anni, di nome Withi e Ithi Junger. Schrödinger... alla fine sedusse [Ithi] quando aveva diciassette anni, assicurandole che non sarebbe rimasta incinta. [Rimase incinta], e Schrödinger immediatamente perse ogni interesse per lei".

(*Dick Teresi*) [14]

La psi di Schrödinger

"Erwin, con la sua psi, /

un sacco di calcoli sa far.

Una cosa però non sa spiegar: /

che cosa significa realmente la psi?". [15]

All'università di Monaco

"I miei primi due anni all'università di Monaco furono spesi in due mondi completamente diversi: tra i miei amici del movimento giovanile e nel regno astratto della fisica teorica. Entrambi i mondi erano così pieni d'intense attività che ero spesso in uno stato di grande agitazione, principalmente perché trovavo piuttosto difficile frequentarli entrambi".

(*Werner Heisenberg*)

Un periodo glorioso

"Era un gioco, un gioco molto interessante... In quei giorni [della meccanica quantistica], era molto facile, per

un qualunque fisico di second'ordine, fare lavori di prim'ordine... Da allora, non c'è più stato un periodo così glorioso...".

(*Paul Dirac*)

Le matrici di Heisenberg

"In quei giorni [estate 1925], [Heisenberg] non aveva alcuna idea di che cosa fosse una matrice [fino a quando glielo spiegai io]".

(*Max Born*)

L'equazione di Schrödinger

"Da dove proviene ... [l'equazione di Schrödinger]? Da nessuna parte. È impossibile derivarla da qualcosa che già si conosca. È uscita dal cervello di Schrödinger".

(*Richard Feynman*)

Il Principe de Broglie

"De Broglie indossava una vestaglia di seta. Mi accolse nel suo studio sontuosamente arredato, e cominciammo a parlare di fisica. Egli non parlava inglese, e il mio francese non era un granché. In qualche modo, però, in parte con il mio francese zoppicante, in parte scrivendo delle formule su un foglio, riuscii a trasmettergli quello che volevo dire, e capire i suoi commenti. Meno di un anno dopo, de Broglie venne a Londra per tenere una lezione alla Royal Society, ed io ero, evidentemente, tra il pubblico. Egli tenne una brillante lezione, in perfetto inglese, con un lieve accento francese. Allora capii un altro dei suoi principi: quando gli stranieri vanno in Francia, devono parlare francese".

(*George Gamow*) [13]

Il Dr. Heisenberg

"Sommerfeld era scioccato. Heisenberg mortificato. Abituato a essere sempre il primo della classe, per Heisenberg era duro accettare un voto mediocre per il suo dotto-

rato. Sommerfeld aveva organizzato un… rinfresco a casa sua, nella tarda serata, per il nuovo Dr. Heisenberg, ma questi si scusò, fece la valigia, e prese il treno di mezzanotte per Gottinga."

(*American Physical Society*) [16]

Gli elettrometri di Compton

Arthur Compton, atletico giocatore di tennis, dopo la scoperta dell'effetto che porta il suo nome, si dedicò alle ricerche sui raggi cosmici, e organizzò delle spedizioni in vari luoghi del globo terrestre, per misurare come varia la loro intensità con la latitudine. Ecco come George Gamow descrive un'avventurosa spedizione in un monastero messicano.

"*Compton arrivò… con una dozzina di casse piene di strumentazione scientifica*[:]*… quattro elettrometri* [*strumenti per misurare l'intensità dei raggi cosmici*]*,… sfere di metallo nero,… [e] mattonelle di piombo… per schermare gli strumenti dalle radiazioni… [Quando] il carro… arrivò ai cancelli del monastero, fu fermato da due soldati messicani… Aperte le casse, i soldati vi trovarono 'quattro bombe nere e una gran quantità di piombo', che secondo loro poteva essere usato solo per costruire dei proiettili. Compton fu arrestato, e dovette attendere parecchie ore alla locale stazione della polizia, prima che una telefonata all'ambasciata americana di Città del Messico chiarisse l'equivoco.*"

(*George Gamow*) [17]

------ o ------

L'INTERPRETAZIONE DI COPENAGHEN

Particelle come onde

Dopo le onde di materia ipotizzate da de Broglie, e la meccanica ondulatoria proposta da Schrödinger, alcuni fisici sperimentali suggerirono di indagare se gli elettroni (considerati delle particelle, sin dai tempi della loro scoperta da parte di J.J. Thomson) potevano manifestare anche un comportamento ondulatorio. Si chiedevano se, per esempio, potevano produrre lo stesso fenomeno della diffrazione (come i raggi X), quando attraversano un cristallo. Infatti, le onde, corrispondenti a elettroni che viaggiano a una velocità molto elevata, hanno una lunghezza d'onda confrontabile con le distanze tra gli atomi di un reticolo cristallino, proprio come per i raggi X dell'esperimento di Max Laue del 1912 (Capitolo 3). L'idea fu sottoposta alla verifica sperimentale nella primavera del 1927 da due fisici americani, Clinton Davisson e Lester Germer e, alcuni mesi dopo, dall'inglese George Paget Thomson (figlio di J.J. Thomson).

I picchi di Davisson e Germer

Clinton Davisson era un abile sperimentatore dei 'Bell Labs' (i Laboratori Bell della Western Electric Company, la cui sede era, in quegli anni, a New York City). Qui conduceva delle ricerche su come gli elettroni erano emessi dalle superfici metalliche, un argomento di estremo interesse per migliorare l'efficienza dei tubi a vuoto che si usavano nel settore della telefonia. Nel 1925, Davisson aveva quarantaquattro anni, dirigeva il laboratorio di fisica delle superfici, e aveva come collaboratore il ventinovenne Germer, un abile ricercatore e uno scalatore di successo.

Un giorno, i due sperimentatori stavano studiando una superficie di nichel: la bombardavano con degli elettroni, e misuravano quanti di questi elettroni venivano diffusi ai vari angoli. Durante l'esperimento ci fu un incidente: dell'aria entrò nel tubo a vuoto che conteneva il bersaglio, e questo si ossidò. Per fare scomparire l'ossido, il metallo fu scaldato ad alta temperatura. La conseguenza fu che la sua struttura si trasformò: il nichel aveva assunto una nuova struttura cristallina. Quando Davisson e Germer ripeterono le misure, ottennero dei risultati completamente differenti: l'intensità degli elettroni diffusi dalla superficie presentava dei picchi in corrispondenza di ben determinati angoli. Erano di fronte a un fenomeno analogo a quello osservato dai Bragg, padre e figlio, quando studiavano la diffrazione dei raggi X, all'inizio del secondo decennio del secolo (Capitolo 3). I due sperimentatori non riuscivano a trovare una convincente interpretazione fisica del fenomeno che avevano osservato.

Nel frattempo, Davisson aveva programmato una vacanza in Europa con la moglie Lottie, per l'estate 1926. Sarebbero andati anche in Inghilterra, per trascorrere qualche settimana con dei loro parenti. *"Sarà una seconda luna di miele,... persino più dolce della prima!"*, così Clinton aveva scritto in una lettera alla sua Lottie. E, in effetti, sarebbe stata ancora più dolce di quanto avesse potuto immaginare. Durante il soggiorno in Inghilterra, Davisson si recò a Oxford per partecipare a un convegno sulla nuova fisica quantistica, nata in quegli anni. Discusse con Max Born, James Franck e altri fisici, e si rese conto che i risultati dei suoi esperimenti erano la prova del comportamento ondulatorio della materia. Durante il viaggio di ritorno, sul piroscafo che lo portava a New York, trascorse intere giornate a studiare l'equazione di Schrödinger, e i principali lavori dei pionieri della meccanica quantistica. Così Davisson commentò la sua visita a Oxford:

"L'esperimento di New York non era, al suo inizio, un test sulla teoria ondulatoria. Solo nell'estate del 1926, dopo che ebbi discusso le mie ricerche in Inghilterra con Born, Franck e altri, l'esperimento assunse quel carattere".

Gli esperimenti proseguirono ai Bell Labs, e i risultati che confermarono pienamente il carattere ondulatorio degli elettroni (e di tutte le particelle di materia) furono pubblicati su due importanti riviste: prima sull'inglese *Nature*, e successivamente sull'americana *Physical Review*.

Per saperne di più

I Laboratori Bell (Bell Labs)

Nel 1925, i laboratori di ricerca della Western Electric (parte della AT&T, la compagnia dei telefoni USA per gran parte del ventesimo secolo), e il dipartimento d'ingegneria della stessa AT&T, furono accorpati nei Bell Telephone Laboratories (noti, ancora oggi, con il nome di 'Bell Labs'), dove venivano sviluppati principalmente dispositivi elettronici per le linee telefoniche. Durante il loro periodo d'oro, i Bell Labs furono la sede di scoperte e invenzioni rivoluzionarie, come la natura ondulatoria della materia, il transistor, il laser, la radiazione cosmica di fondo, la struttura di materiali magnetici, i sensori CCD; tutte scoperte per le quali furono assegnati sette Premi Nobel. Oggi, i laboratori sono di proprietà di Alcatel-Lucent, e hanno come missione la ricerca e sviluppo nel campo delle telecomunicazioni.

La diffrazione di G.P. Thomson

Al convegno di Oxford era presente George Paget Thomson, professore di filosofia naturale all'università di Aberdeen (Scozia). A Oxford, Thomson seppe dei risultati preliminari di Davisson e, ritornato in Scozia, iniziò una serie di esperimenti per studiare la diffrazione degli elettroni quando attraversano sottili lamine di diversi materiali.

Thomson ottenne delle fotografie di figure di diffrazione prodotte dagli elettroni. Queste figure presentavano dei massimi d'intensità, i quali formavano degli anelli concentrici intorno alla direzione degli elettroni incidenti sulla lamina. Esse costituivano l'inconfutabile prova visiva dell'esistenza delle onde di materia. Non solo i raggi X (e la luce) presentano un aspetto ondulatorio e un aspetto corpuscolare (come avevano dimostrato rispettivamente Max

Laue nel 1912 e Arthur Compton nel 1923), ma anche le particelle di materia possono presentarsi ora come corpuscoli, ora come onde. Davisson e Thomson ottennero il Premio Nobel 1937 per le loro scoperte. (Nel 1906, J.J. Thomson aveva vinto il Premio Nobel per avere scoperto le 'particelle elettroni'; trent'anni dopo il figlio vinse lo stesso premio per avere scoperto le 'onde di elettroni'.)

Materia: corpuscoli e onde

Aspetto corpuscolare

Elettrone (J.J. Thomson, 1897)

Aspetto ondulatorio

Diffrazione degli elettroni
(C. Davisson e L. Germer; G.P. Thomson, 1927) [18]

Indeterminazione quantistica

Torniamo ora ai nostri pionieri quantistici. Nel mese di gennaio 1927, Heisenberg era a Copenaghen, all'istituto di Bohr, dove era intento ad approfondire i fondamenti della meccanica quantistica. Si domandava: si può misurare esattamente la posizione e la velocità di una particella in un determinato istante? Per esempio, si potrebbe arrestare il suo moto, e così determinare la sua posizione. Ma, in questo modo, non si determinerebbe con esattezza la sua velocità. Viceversa, se si riuscisse a misurare la sua velocità, non si potrebbe determinare con esattezza la sua posizione nello spazio. Erano questi i pensieri di Heisenberg, i quali erano diventati l'oggetto di animate discussioni con Bohr. Ricorda:

"Le nostre discussioni serali molto spesso duravano fino a oltre mezzanotte... [Una sera], ancora profondamente scosso da una di quelle discussioni, andai a fare una passeggiata nel Fælledparken, che si trova dietro l'istituto, per respirare l'aria fresca e per rilassarmi, prima di andare a letto. Durante questa passeggiata sotto le stelle, ebbi

l'idea che... non si può conoscere simultaneamente la posizione e la velocità di una particella... [Nel mese di febbraio, Bohr] partì per le vacanze invernali, e andò a sciare in Norvegia. Io rimasi solo a Copenaghen, e così potei dare libero gioco ai miei pensieri. Decisi allora di fare in modo che la suddetta indeterminazione diventasse il punto centrale dell'interpretazione [della meccanica quantistica]... Quando Bohr ritornò..., gli presentai la prima versione di un articolo...". [19]

Heisenberg aveva dimostrato, con il calcolo, che non si può determinare la posizione di una particella con una precisione assoluta, salvo che il valore della sua velocità diventi completamente indeterminato. Misurare esattamente entrambe le quantità è impossibile, poiché è in contraddizione con le leggi della meccanica quantistica. Con i nostri esperimenti, dice Heisenberg, possiamo solo dedurre che una particella si trova all'interno di un certo volume, intorno a un punto nello spazio, e che si sta muovendo con una velocità il cui valore è all'interno di un certo intervallo. La ragione di tutto ciò è che, nel mondo microscopico degli atomi e delle particelle, le misure che noi eseguiamo con i nostri strumenti interferiscono, e producono degli effetti sugli oggetti microscopici che stiamo osservando. Questo significa che il fatto stesso di eseguire una misura o un'osservazione, perturba la realtà fisica.

Heisenberg espose queste sue idee, e il risultato dei suoi calcoli, in un articolo pubblicato nello stesso anno (1927) sulla rivista *Zeitschrift für Physik*. Le idee di Heisenberg sono racchiuse in quello che è oggi universalmente noto come *'principio d'indeterminazione'*. Esso costituisce il pilastro sul quale poggia tutta la fisica quantistica, ed è uno dei principi fondamentali della natura.

———

Per approfondire

Il principio d'indeterminazione

Il principio di Heisenberg è scritto sotto varie forme matematiche. La più conosciuta (che compare in tutti i libri di fisica) è la seguente:

Il valore del prodotto delle indeterminazioni sulla posizione e sulla quantità di moto non può essere minore della costante di Planck h.

Per esempio, l'indeterminazione sulla posizione di un elettrone non può essere minore della costante di Planck *h*, diviso per l'indeterminazione sul valore della sua quantità di moto (proporzionale alla velocità); e l'indeterminazione sulla quantità di moto di un elettrone non può essere minore della costante di Planck *h*, diviso per l'indeterminazione sul valore della sua posizione. Lo stesso tipo di relazione matematica esiste per la coppia di grandezze fisiche: energia e tempo. Per esempio, l'indeterminazione sulla misura dell'energia di un elettrone non può essere minore della costante di Planck *h*, diviso per l'indeterminazione sull'istante in cui questa energia è stata misurata. [20]

―――――

Yin e Yang

Nella filosofia cinese, il concetto di '*Yin e Yang*' rappresenta l'idea di '*complementarità*'. Il simbolo di '*Yin e Yang*' era rappresentato sullo stemma di Niels Bohr, quale membro dell'Ordine dell'Elefante, il prestigioso ordine cavalleresco danese. Lo sovrastava una scritta in latino: '*Contraria sunt complementa*' (*Gli opposti sono complementari*), la quale alludeva al '*principio di complementarità*' che lui propose nel 1927.

Durante la primavera del 1927, dopo la pubblicazione del *principio d'indeterminazione* di Heisenberg, i fisici di Copenaghen, sotto la guida di Bohr, cercarono un'interpretazione fisica della meccanica quantistica.

Nella visione di Bohr, il principio di Heisenberg scaturisce dal concetto di '*complementarità onda-corpuscolo*', secondo il quale, in meccanica quantistica, ogni sistema atomico o subatomico può essere descritto usando sia la rappresentazione delle particelle, sia la rappresentazione delle onde. Tuttavia, una certa entità (per esempio un elettrone) non può essere contemporaneamente un'onda e una particella; deve essere o l'una o l'altra cosa. Questo significa che è impossibile immaginare un qualsiasi esperimento che renda evidente simultaneamente entrambi gli aspetti dell'elettrone, quello ondulatorio e quello corpuscolare. Questo è il limite imposto dalle leggi della meccanica quantistica, ed è espresso dal principio d'indeterminazione di Heisenberg. Allo stesso modo i concetti di posizione e velocità, o di energia e tempo, sono complementari.

Il *principio di complementarità* di Bohr, il *principio d'indeterminazione* di Heisenberg, e l'*interpretazione probabilistica* di Born della funzione d'onda *psi*, sono strettamente legati tra di loro. Insieme formano l'interpretazione fisica della meccanica quantistica, come fu formulata da Bohr, Born, Heinsenberg e Pauli. Diventò nota come l'*interpretazione di Copenaghen*.

––––––

Per approfondire

Il principio di complementarità

Sovrapposizione degli stati quantici. Consideriamo, per esempio, un elettrone che può occupare due posizioni, A e B. Secondo la meccanica classica, l'elettrone occupa sempre una di queste due posizioni. Secondo la meccanica quantistica, l'elettrone può occupare i due stati quantici, A e B, ciascuno rappresentato dalla propria funzione d'onda *psi*. Oltre a questi due stati, ne esistono numerosi altri, dati dalla 'sovrapposizione' (o 'mescolamento') dello stato A e dello stato B, ciascuno rappresentato da una funzione d'onda. (Questo, in termini tecnici, è il fenomeno della 'sovrapposizione di stati quantici coerenti', o della 'coerenza quantistica'.) Tuttavia, noi non possiamo mai osservare questi stati di sovrapposizione. Quando osserviamo l'elettrone con uno strumento di misura otteniamo o lo stato A o lo stato B. Utilizzando un linguaggio figurato, i fisici quantistici dicono che la misura distrugge la sovrapposizione, e costringe l'elettrone a scegliere o lo stato A o lo stato B: la funzione d'onda dell'elettrone 'collassa' in uno dei due stati. Prima della misura, nessuno dei due stati è più probabile dell'altro: entrambi hanno il 50% di probabilità di verificarsi (come se l'imprevedibile elettrone si trovasse nello stesso tempo in A e in B!)

L'esperimento della doppia fenditura. Il famoso esperimento di Young delle due fenditure (Capitolo 1) illustra bene la sovrapposizione degli stati quantici e il principio di complementarità. L'esperimento di Young, che mise in risalto la natura ondulatoria della luce, fu eseguito, negli anni Ottanta del Novecento, con elettroni. Degli elettroni veloci, tutti con la stessa energia, attraversano due strette fenditure (A e B), e vanno a colpire uno schermo fluorescente, posto a una certa distanza, dove si manifestano come dei puntini luminosi. Sullo schermo si forma una figura d'interferenza, come quella prodotta dalle onde luminose (frange chiare, alternate a frange scure: nelle frange chiare si accumulano gli elettroni, mentre nelle frange scure non ce ne sono).

I fisici quantistici interpretano il risultato dell'esperimento nel seguente modo: un'onda che rappresenta un elettrone si è suddivisa in due, attraversando le fenditure, e poi si è ricombinata. Essa si è formata dalla sovrapposizione di due funzioni d'onda, una corrispondente al passaggio dell'elettrone attraverso la fenditura A, l'altra attraverso la fenditura B (50% di probabilità che sia passato attraverso la fenditura A, 50% attraverso B). La sovrapposizione produce il fenomeno dell'interferenza, e così si formano sullo schermo le frange chiare e scure. Se ora noi cerchiamo di osservare quale delle due fenditure la particella 'elettrone' ha attraversato (per esempio, illuminandolo con dei fotoni, e osservando la loro diffusione), la misura distrugge la sovrapposizione dei due stati ('elettrone attraverso A', 'elettrone attraverso B'), la funzione d'onda 'collassa' in uno dei due stati (A o B), e si ha un'ampiezza di probabilità diversa da zero solo per la fenditura dove si è osservato l'elettrone. Conseguenza: la figura d'interferenza è distrutta. L'esperimento della doppia fenditura mette in risalto il *principio di complementarità*: è impossibile rendere evidente, nello stesso esperimento, sia l'aspetto ondulatorio dell'elettrone (figura d'interferenza), sia l'aspetto corpuscolare (quale fenditura ha attraversato).

Una interpretazione del principio d'indeterminazione

La camaleontica natura duale di un sistema quantico può darci un'interpretazione fisica del principio d'indeterminazione. Consideriamo, come esempio, un elettrone con una velocità ben definita (indeterminazione uguale a zero). Esso è rappresentato da un'unica onda sinusoidale che si estende da meno infinito a più infinito. L'estensione dell'onda rappresenta l'intevallo spaziale entro il quale l'elettrone può trovarsi; ossia, l'indeterminazione infinita sulla sua posizione nello spazio. Viceversa, se la velocità ha una indeterminazione molto grande, l'onda che rappresenta l'elettrone è la somma di un grande numero di onde parziali (ciascuna corrispondente a un valore della velocità), e con una estensione spaziale molto piccola [21]; ossia, l'indeterminazione sulla posizione dell'elettrone è molto piccola, come vuole il principio d'indeterminazione di Heisemberg.

Como, settembre 1927

Nel mese di settembre 1927 si svolse a Como (Italia) una Conferenza Internazionale di Fisica, organizzata dalla Reale Accademia delle Scienze d'Italia per commemorare il centenario della morte di Alessandro Volta. Parteciparono molti dei protagonisti della fisica quantistica: Bohr, Heisenberg, Pauli, Born, Sommerfeld; e ancora: Fermi, Rutherford, Kramers. Schrödinger non era presente, e nemmeno Einstein (si era rifiutato di mettere piede nell'Italia fascista di Mussolini).

Bohr presentò per la prima volta in pubblico il suo *principio di complementarità*, che cercava di risolvere le questioni sollevate dal principio d'indeterminazione e dal dualismo onda-corpuscolo sull'interpretazione fisica della meccanica quantistica. La discussione che ne seguì fu molto vivace, e proseguì in ottobre, a Bruxelles, durante la Conferenza Solvay.

Einstein sfida Bohr

La quinta Conferenza Solvay, la più leggendaria conferenza della fisica del ventesimo secolo, si svolse dal 24 al 29 ottobre 1927. Il tema era 'Elettroni e Fotoni'. Tutti i pionieri della meccanica quantistica erano presenti: da Planck, Einstein e Bohr, a de Broglie, Heisenberg, Schrödinger, Pauli e Dirac. Arthur Compton era giunto dagli Stati Uniti (da pochi giorni aveva ricevuto la notizia da Stoccolma che gli era stato conferito il Premio Nobel), e Otto Stern da Amburgo. La conferenza fu dominata dalle discussioni tra

Bohr ed Einstein sul principio d'indeterminazione di Heisenberg. Così Stern descrisse l'atmosfera:

"Einstein scendeva per la colazione ed esprimeva i suoi dubbi riguardo alla nuova teoria quantistica. Ogni volta aveva inventato qualche meraviglioso esperimento [mentale] con il quale dimostrava che la teoria non funzionava... Pauli e Heisenberg... non prestavano molta attenzione: 'Ah, bene, andrà tutto bene, andrà tutto bene', dicevano. Bohr, invece, rifletteva sulle obiezioni di Einstein con attenzione, e la sera, a cena, quando eravamo tutti riuniti, lui chiariva gli argomenti nei dettagli". [11]

Ehrenfest, che era amico di entrambi (sia di Einstein, che di Bohr), così scrisse a Uhlenbeck e Goudsmit, dopo essere ritornato da Bruxelles:

"Bruxelles, Solvay è andata molto bene!... Bohr sovrastava tutti gli altri... (Ogni notte all'una... veniva nella mia camera per scambiare 'una sola parola' con me, e rimaneva fino alle tre del mattino). È stato piacevolissimo per me assistere alle conversazioni tra Bohr ed Einstein. Come una partita a scacchi. Einstein per tutto il tempo con nuovi esempi... Bohr costantemente a cercare di contrastare un esempio dopo l'altro. Einstein [che compariva] fresco [e riposato] ogni mattina. Oh, era impagabile. Però io sono senza alcuna riserva pro Bohr e contro Einstein. !!!!!! Bravo Bohr !!!!!!" [22]

Il vincitore

Le discussioni tra Einstein e Bohr continuarono anche durante la sesta Conferenza Solvay del 1930, e Bohr riuscì sempre a dimostrare la validità della cosiddetta *interpretazione di Copenaghen* della meccanica quantistica. Così scrisse Heisenberg:

"La Conferenza Solvay di Bruxelles nell'autunno del 1927 chiuse quel meraviglioso periodo della storia della teoria atomica. Planck, Einstein, Lorentz, Bohr, de Broglie, Born e Schrödinger, e dalla generazione più giovane, Kramers

Pauli e Dirac, erano radunati qui e le discussioni furono subito concentrate sul duello tra Einstein e Bohr... Queste discussioni continuarono anche durante la successiva Conferenza Solvay del 1930, e fu in quell'occasione che Einstein... propose il famoso esperimento... nel quale il colore [frequenza o energia] di un quanto di luce può essere determinato pesando la sorgente prima e dopo l'emissione del quanto... Fu un trionfo particolare per Bohr dimostrare..., utilizzando proprio la formula di Einstein della relatività generale, che anche in questo esperimento le relazioni d'indeterminazione sono valide, e che le obiezioni di Einstein erano infondate. Con ciò l'interpretazione di Copenaghen della teoria quantistica sembrò, da allora in poi, poggiare su solide basi". [19]

L'interpretazione di Copenaghen fu accettata dalla maggioranza dei fisici, mentre, Einstein, Schrödinger e de Broglie rimasero per tutta la vita dei convinti oppositori.

Lipsia, Berlino, Zurigo

Heisenberg

Nell'autunno del 1927, a soli ventisei anni, Heisenberg fu nominato professore di fisica teorica all'università di Lipsia (Germania). In pochi anni trasformò l'istituto, di cui era direttore, in un moderno centro di ricerca, punto di attrazione di una nuova generazione di fisici (Felix Bloch dalla Svizzera, Rudolf Peierls dall'Inghilterra, Edward Teller dall'Ungheria, Carl Weizsäcker dalla Germania, Sin-Itiro Tomonaga dal Giappone, Ettore Majorana dall'Italia, Lev Landau dalla Russia sovietica).

Schrödinger

Dopo il pensionamento di Max Planck, l'offerta di sostituirlo, come professore a Berlino, fu fatta prima a Sommerfeld, il quale rifiutò l'invito (non voleva lasciare Monaco), e dopo a Schrödinger. Non fu facile anche per lui decidere di abbandonare Zurigo (gli studenti organizzarono una fiaccolata, chiedendogli di rimanere). Alla fine, fu persuaso dallo stesso Planck, il quale gli scrisse che sarebbe stato felice di averlo come suo successore. Erwin e Anny giunsero a Berlino verso la fine dell'estate 1927.

Pauli

Nel 1927, Peter Debye lasciò la cattedra all'ETH di Zurigo, per accettare un'offerta economicamente vantaggiosa dall'università di Lipsia. Il governo svizzero invitò Pauli a diventare titolare della cattedra vacante. Pauli accettò l'offerta, e iniziò la sua attività di docente e ricercatore nel febbraio del 1928. (All'università di Amburgo, Pascual Jordan andò a occupare la cattedra di Pauli.)

------ o ------

Lo spirito di Copenaghen

"*Fu la sua grande energia a riunire intorno a sé i più attivi, i più abili, i più brillanti fisici del mondo. In quei tempi, troviamo intorno a Bohr, nel suo famoso Istituto di Fisica Teorica, a Copenaghen, persone come Klein, Kramers, Pauli, Heisenberg, Ehrenfest, Gamow, Bloch, Casimir, Landau, e molti altri. Fu in quei tempi, e con quelle persone, che i fondamenti del concetto di quanto furono creati... In amabili discussioni, in gruppi di due o più, i più profondi problemi della struttura della materia furono portati alla luce. Uno può immaginare quale atmosfera, quale tipo di vita, quale attività intellettuale regnasse a Copenaghen... Qui, l'influenza di Bohr raggiunse il massimo. Qui creò il suo stile, lo 'Spirito di Copenaghen' ('Kopenhagener Geist'), lo stile di un carattere molto speciale che egli impose alla fisica. Noi lo vediamo, il più grande tra i suoi colleghi agire, parlare, vivere come un uguale in un gruppo di giovani, ottimisti, allegri, entusiasti, avvicinarsi ai più profondi enigmi della natura con uno spirito di conquista,... di libertà da legami convenzionali, e di allegria che difficilmente può essere descritto... Durante questo grande periodo della fisica, Bohr e i suoi giovani giunsero a toccare il nervo dell'universo...*".

(*Victor Weisskopf*) [23]

I giovani di Copenaghen

Victor Weisskopf

Victor Weisskopf aveva iniziato a studiare fisica all'università di Vienna, sua città natale. Nel 1928, all'età di venti anni, si trasferì a Gottinga per proseguire gli studi con Born. Dopo avere conseguito il dottorato, nella primavera del 1931, andò a Lipsia, per lavorare con Heisenberg, e l'anno successivo si trasferì a Berlino, da Schrödinger. Ottenne poi una borsa di studio Rockefeller per andare a

Copenaghen, nell'istituto di Bohr. Racconterà così la sua straordinaria esperienza intellettuale di quel periodo:

"Fu uno dei periodi più interessanti della storia della fisica... Naturalmente, io arrivai un po' tardi; i grandi eventi erano stati quelli della metà degli anni Venti, quando la meccanica quantistica fu formulata, inventata e scoperta... [Mentre] io entrai nella fisica nel 1928, come studente di ricerca a Gottinga. A quel tempo, la meccanica quantistica era già lì, sebbene una gran quantità di applicazioni e di estensioni non fossero ancora state fatte. Mi sentivo un po' come Alessandro quando disse a suo padre, il Re Filippo: 'Tu hai ormai conquistato il mondo, che cosa è rimasto per me?' Ma c'erano ancora molte cose da portare a termine,... [e] fu per tutti noi un periodo meraviglioso di nuove rivelazioni".

Weisskopf rimase a Copenaghen per tutto l'anno accademico 1932-33 (ritornerà nel 1936).

"Chiunque venisse a Copenaghen era colpito, piacevolmente è ovvio, dall'atmosfera internazionale che c'era... La maggioranza era gente che proveniva da tutte le parti dell'Europa e dal Nord America, ed era un piacere stare insieme a russi, tedeschi, italiani, e altri, e tutti combattevano e vivevano per lo stesso scopo... Niels Bohr esercitava un'influenza enorme con la sua figura paterna, non solo per me, ma per molte altre persone. La sua filosofia, il suo stile di vita, e il suo modo di vedere i problemi ci influenzava incredibilmente, ed io fui fortunato di avere intrattenuto una stretta amicizia personale con lui...".

Un colpo di fulmine

"Nel settembre 1932 arrivai... a Copenaghen. [Alla stazione], ad attendermi, c'era il mio amico Delbrück... Max mi salutò entusiasticamente. 'Vedrai, ti piacerà qui Viki,... Le ragazze sono tutte carine... E tu sei fortunato, perché ho organizzato una festa per domani sera. Balleremo con tre bellezze.'... Gli dissi che... avevo deciso di concentrar-

mi sui miei studi, senza lasciarmi distrarre dalle ragazze e dall'amore. Max... mi spiegò che era troppo tardi... per annullare la festa... Mi arresi. 'Solo per questa volta' gli dissi solennemente. La sera seguente mi trovai in una grande sala da ballo... C'erano, ad aspettarci, tre ragazze molto belle,... [e] la mia attenzione fu attratta da una di loro, Ellen Tvede, una ballerina di professione... Fu chiaro fin dall'inizio che eravamo interessati l'uno all'altra. Rinunciai subito alla mia decisione di dedicarmi completamente al lavoro... Dopo quella sera Ellen ed io ci incontrammo ogni giorno, e due anni dopo eravamo sposati".

(Victor Weisskopf) [24]

Lev Landau

Il ventunenne Landau, l'*enfant terrible* della fisica sovietica, approdò a Copenaghen nel 1929. Era stato prima a Gottinga, da Born, e poi a Lipsia, da Heisenberg. Proveniva da Leningrado (oggi San Pietroburgo) dove si era laureato nel 1927 all'Università di Stato. La permanenza a Copenaghen fu decisiva per la sua futura attività di scienziato. Si considerava uno degli allievi prediletti di Bohr, aveva atteggiamenti provocatori, e gli piaceva scandalizzare i suoi interlocutori.

"I suoi ammiratori [lo] consideravano un teorico, tipo 'torre d'avorio', audace, impudente e affascinante ma distaccato dalla monotona routine di tutti i giorni".

Hendrik Casimir, anche lui a Copenaghen nello stesso periodo, parlava di Landau come di

"un ardente comunista, molto fiero delle sue radici rivoluzionarie".

Da Copenaghen andò a Cambridge, a lavorare con Dirac, e poi a Zurigo da Pauli. Ritornò in Russia nel 1932, e divenne il direttore dell'Istituto di Fisica Teorica di Kharkov. Nel 1938, Landau fu imprigionato durante le grandi purghe staliniane, sospettato di essere una spia tedesca. Fu salvato grazie all'intervento del celebre fisico Pëtr Kapitza

(Capitolo 5), il quale scrisse a Molotov, il primo ministro di Stalin, sostenendo che solo Landau era in grado di spiegare il fenomeno della superfluidità, che lo stesso Kapitza aveva scoperto sperimentalmente. Furono proprio le teorie di Landau sulla superfluidità dell'elio che gli valsero il Premio Nobel per la fisica 1962.

Landau, non brontolare

" *'Sin dall'inizio', scrisse più tardi Bohr, 'avemmo una profonda impressione della sua capacità di scavare fino alla radice dei problemi della fisica, e della sua penetrante visione su tutti gli aspetti della vita umana, che diedero luogo a molte discussioni...' A Copenaghen, Landau diventò immediatamente uno dei più attivi membri del seminario di Boh; così attivo che Bohr doveva continuamente ricordargli: 'Landau, non brontolare... E adesso, permetti anche a me di dire qualche parola'* ".

(F. Janouch) [25]

George Gamow

George Gamow era nato a Odessa nel 1904, e si era laureato presso la stessa università di Landau nel 1928 (era un suo amico, e insieme con altri due studenti si riunivano periodicamente per discutere sulle novità della fisica quantistica, che apparivano sulle riviste specialistiche). Conseguita la laurea, era riuscito, con l'appoggio di alcuni professori dell'università, a ottenere un contributo in marchi tedeschi, e il permesso dalle autorità sovietiche per partecipare a una scuola estiva a Gottinga.

Durante i due mesi trascorsi a Gottinga, Gamow decise di utilizzare la meccanica ondulatoria per spiegare alcuni fenomeni dei nuclei atomici. Era il primo tentativo di applicazione della fisica quantistica ai nuclei (il cosiddetto 'effetto tunnel', Capitolo 5). L'intuizione di Gamow fu un successo: egli riuscì a spiegare l'emissione spontanea delle particelle alfa dai nucei radioattivi, e la disintegrazione dei nuclei, quando sono bombardati da particelle.

Terminata la scuola estiva, Gamow dovette intraprendere il viaggio di ritorno, ma decise di fermarsi a Copenaghen per andare a trovare il professor Bohr. Racconta:

" *'Il Professore', mi disse [la segretaria, la signorina Schultz], 'può riceverla questo pomeriggio'. Quando entrai nel suo studio, mi trovai di fronte un amichevole, sorridente uomo di mezza età, il quale mi domandò quali erano i miei interessi nella fisica, e su che cosa stavo lavorando in quel momento. Così gli parlai del lavoro che avevo fatto a Gottinga sulle reazioni nucleari... Bohr a-scoltò attentamente e disse: 'Molto interessante, molto, veramente molto interessante. Quanto tempo pensi di restare qui?' Gli spiegai che avevo appena il denaro suf-ficiente per restare un altro giorno. 'Potresti stare qui per un anno', domandò Bohr, 'se ti faccio avere una borsa di studio Carlsberg della nostra Accademia delle Scienze?' Rimasi senza fiato, e alla fine riuscii a borbottare: 'Oh, sì, potrei!'* ". [13]

Fu così che Gamow rimase a Copenaghen fino al 1931, con un breve periodo trascorso a Cambridge, dove andò a discutere con Rutherford e i suoi collaboratori i risultati della sua teoria sulle interazioni nucleari.

Un western per Bohr

"*[A Copenaghen, il] lavoro serale nella biblioteca del-l'istituto era spesso interrotto da Bohr, il quale diceva di essere molto stanco e che desiderava andare al cinema. I soli film che gli piacevano erano i western violenti (stile Hollywood), e voleva sempre essere accompagnato da un paio di studenti che gli spiegassero i complotti ingarbu-gliati, nei quali erano coinvolti indiani amici e indiani nemici, coraggiosi cowboy e fuorilegge, sceriffi, came-riere, cercatori d'oro e altri personaggi dell'antico west*".

(*George Gamow*) [13]

Max Delbrück

Max Delbrück era nato a Berlino nel 1906, ed era stato uno studente di ricerca a Gottinga, dove, nel 1929 aveva conseguito il dottorato in fisica teorica (è a Gottinga che Delbrück incontrò Weisskopf; erano entrambi allievi di Born, e strinsero un'amicizia che durò per tutta la vita).

Dopo un periodo trascorso all'università di Bristol (Inghilterra), nel febbraio del 1931 era approdato a Copenaghen, con una borsa di studio Rockefeller. Divenne subito amico di Gamow, e collaborò con l'esuberante fisico ucraino in una ricerca di fisica nucleare. Rimase a Copenaghen solo sei mesi, ma furono mesi decisivi per il suo futuro orientamento scientifico, a causa dell'influenza che ebbero su di lui le idee di Bohr.

Bohr pensava che il concetto di 'complementarità', che aveva formulato nel 1927, potesse avere applicazioni anche in altri settori della scienza, specialmente riguardo alle relazioni tra fisica e biologia. Delbrück fu attratto da questo tipo di argomenti, e dopo avere ascoltato, nel mese di agosto 1932 (durante una breve visita a Copenaghen), una conferenza di Bohr intitolata 'Luce e Vita', decise di approfondire l'impatto che la nuova fisica avrebbe potuto avere sulla biologia.

Dopo il periodo di Copenaghen andò a Zurigo da Pauli. Nel 1932 ritornò nella sua città natale, come assistente di Lise Meitner, con la quale lavorò sulla radioattività, all'istituto di chimica Kaiser Wilhelm. Entrò così in contatto con i biologi e i genetisti degli altri istituti vicini, e intraprese i primi passi nel nuovo campo di ricerca della biologia. Nel 1937 andò negli Stati Uniti, con una seconda borsa di studio della Fondazione Rockefeller, al Caltech (California Institute of Technology), vicino a Los Angeles. Rimase negli Stati Uniti, e divenne un biologo di prima grandezza. Nel 1969 vinse il Premio Nobel per la medicina e fisiologia (insieme a Salvador Luria e ad Alfred Hershey) per i suoi lavori sulla genetica dei virus.

Una risorsa intellettuale

"Molto è stato scritto sulla profonda influenza che Bohr ebbe su Max. Così Gunter Stent scrive: 'Credo che sia giusto dire che in Max, Bohr trovò il suo più influente discepolo filosofico, al di fuori del dominio della fisica, poiché, attraverso Max, Bohr fornì una delle principali risorse intellettuali per lo sviluppo della biologia del ventesimo secolo' ".

(*William Hayes*) [26]

John Slater

Nell'autunno del 1923, dopo avere conseguito il Ph.D. alla Harvard University, il giovane fisico John Slater (aveva ventitré anni) vinse una borsa di studio per un periodo di studio in Europa. Egli trascorse alcuni mesi a Cambridge, dove, stimolato dalla recente scoperta dell'effetto Compton, cominciò a riflettere sul problema della radiazione. Egli pensava che sia l'aspetto ondulatorio che quello corpuscolare potevano spiegare l'interazione della radiazione con gli atomi, e quindi anche l'effetto Compton.

Nel mese di dicembre, poco prima di Natale, Slater partì per Copenaghen, per andare a completare la sua borsa di studio nell'istituto del mitico Niels Bohr. Pochi giorni dopo fu ricevuto da Bohr e, presente il fedele assistente Kramers, spiegò loro l'idea che gli era venuta in mente a Cambridge. Bohr ne fu entusiasta, ma non volle sentire parlare di fotoni.

Subito i due, il maestro (Bohr) e l'assistente (Kramers), si misero a pensare e a calcolare, tenendo all'oscuro Slater della teoria che stavano costruendo. La loro teoria utilizzava solo una parte dell'idea di Slater, e descriveva l'interazione della radiazione con la materia (compreso l'effetto Compton) ignorando l'esistenza dei fotoni. Scrissero un articolo, con i nomi di tutti e tre (Bohr, Kramers e Slater), il quale fece la sua apparizione sulla rivista inglese *Philosophical Magazine* nel 1924, ed è noto come l'articolo 'BKS', dalle iniziali dei cognomi dei tre autori. (Bohr si convertirà all'idea del fotone, solo dopo che nuovi esperimenti confermeranno il carattere corpuscolare dei raggi X dell'effetto Compton.) Potete immaginare la delusione di Slater! Non mise più piede nell'istituto di Bohr, e trascorse gli ultimi mesi della borsa di studio nella casa di campagna della signora Maar, una vedova benestante che ospitava i giovani fisici che andavano a studiare da Bohr.

Nell'estate del 1924 Slater rientrò negli Stati Uniti, dove iniziò una brillante carriera di docente e ricercatore. Negli anni Trenta fu nominato direttore del Dipartimento di Fisica del MIT (Massachusetts Institute of Technology) di Boston, e qui fondò una delle più importanti scuole di fisica molecolare e dello stato solido.

Quell'orribile periodo a Copenaghen

"Kramers fu sempre un 'Signor sì' di Bohr… I cambiamenti che essi fecero non mi piacevano, ma non vedevo come avrei potuto combattere contro di loro… Non riuscii in nessun modo ad avere un incontro con Bohr… Non ebbi più alcun rispetto per il signor Bohr da quando… trascorsi quell'orribile periodo a Copenaghen'.

(John Slater) [2]

Aneddoti e frammenti

Onde o particelle?

"Che cos'è dunque la luce? È un'onda, oppure un fascio di fotoni?… Non sembra che si possano descrivere coerentemente tutti i fenomeni luminosi con uno solo dei due linguaggi possibili. Pare che si debba ricorrere talvolta all'una e talvolta all'altra teoria e che vi siano anche casi in cui si possa ricorrere a entrambe… Abbiamo due opposte rappresentazioni della realtà; da sola nessuna delle due

spiega tutti i fenomeni della luce; insieme vi riescono!".

(*Albert Einstein*) [27]

Scherzosamente

"Nei giorni di lunedì, mercoledì e venerdì usiamo la teoria ondulatoria, mentre nei giorni di martedì, giovedì e sabato crediamo nei fasci di quanti di energia o corpuscoli".

(*Sir Henry Bragg*)

Filosofia Taoista

Yin	Yang
Nuvoloso	Soleggiato
Femminile	Maschile
Passivo	Attivo
Intuitivo	Razionale
Leggero	Pesante

Filosofia quantistica

Onda	Corpuscolo

Verità e chiarezza

"Una volta chiesero a Bohr, in tedesco, qual era la qualità che era complementare alla verità (wahrheit). Egli pensò per un po' e poi rispose: chiarezza (klarheit)".

(*Steven Weinberg*) [28]

5

I QUANTI IN AZIONE

MATERIA E RADIAZIONI

Nel 1929, lo statunitense John Slater scriveva: "*Il tempo è arrivato per la [meccanica quantistica] di spiegare tutte le proprietà della materia*". Due settori ricevettero particolare attenzione dai fisici quantistici, verso la fine degli anni Venti e l'inizio degli anni Trenta: la fisica atomica e molecolare, e la fisica dello stato solido.

Atomi e molecole

Le molecole sono aggregati di atomi, tenuti insieme dalla forza elettrica, e la meccanica quantistica fu utilizzata per descrivere la loro struttura. Nel 1927, Heisenberg applicò i nuovi concetti quantistici per spiegare lo spettro della molecola di idrogeno. Nello stesso anno, Born e il giovane Robert Oppenheimer (giunto a Gottinga dagli Stati Uniti per conseguire il dottorato) usarono l'equazione di Schrödinger per ottenere la struttura delle molecole. Nello stesso periodo, l'americano Walter Heitler e il tedesco Fritz London studiarono le forze che generano i legami tra atomi dello stesso elemento (come nelle molecole di idrogeno, ossigeno ecc.). Queste e altre applicazioni della meccanica ondulatoria costituirono la base per la nascita della *'chimica quantistica'*; ossia, l'uso dei principi della fisica quantistica e della matematica per spiegare la configurazione delle molecole inorganiche e organiche. Uno dei padri fondatori di questa nuova disciplina fu Linus Pauling, il quale sviluppò, negli anni Trenta, una descrizione completa delle basi chimiche della biologia (il suo libro, *La natura del legame chimico*, pubblicato nel 1939, diventò il più influente testo di chimica di quel periodo).

Tra il 1928 e il 1932, alcuni brillanti matematici e fisici, tra i quali spiccavano Hermann Weyl e l'ungherese Eugene Wigner, applicarono la teoria dei gruppi alla meccanica quantistica, per spiegare molte proprietà degli atomi, delle molecole e dei nuclei atomici.

Materia allo stato solido

La meccanica quantistica trasformò totalmente anche la *fisica dello stato solido*. In questo campo, Heisenberg, una volta ancora, riuscì a spiegare una particolare forma di magnetismo (il ferromagnetismo), mentre Pauli spiegò un'altra forma di magnetismo (il paramagnetismo). Sommerfeld e Pauli, concepirono, indipendentemente uno dall'altro, un modello da applicare agli elettroni liberi nei metalli (quelli che costituiscono la corrente elettrica), trattati come un *'gas di fermioni'* (detto anche 'gas di Fermi'), i quali obbediscono alla statistica quantistica di Fermi-Dirac, per spiegare le proprietà elettriche e termiche dei metalli stessi.

In quegli anni, lo svizzero Felix Bloch, allora studente di ricerca di Heisenberg a Lipsia, usò l'equazione di Schrödinger per formulare una nuova teoria della conduzione elettrica. Egli introdusse il concetto di *'banda di energia'* (corrispondente al concetto di livello di energia per gli atomi), che doveva diventare la base per spiegare il comportamento dei metalli, degli isolanti e dei semiconduttori. L'applicazione della meccanica quantistica alla fisica dello stato solido si diffuse in molte università europee e americane. Negli anni Trenta, Nevill Mott fondò, all'università di Bristol, la prima e più rinomata scuola di fisica dello stato solido della Gran Bretagna; mentre, negli Stati Uniti, i più promettenti studenti andavano al MIT, da John Slater, per imparare la fisica quantistica applicata alla materia.

Ancora Dirac alla ribalta!

Elettrodinamica quantistica

Dopo avere conseguito il dottorato, nel mese di settembre 1926, Dirac trascorse quattro mesi a Copenaghen, da Bohr. Anni dopo, diceva, ricordando quel periodo:

"*Ammiravo moltissimo Bohr. Avemmo molte discussioni, durante le quali era solo lui a discutere*".

Nelle discussioni, a Bohr piaceva avere il ruolo di primo attore; d'altra parte Dirac non era certo un interlocutore loquace. Era noto per essere una persona taciturna; parlava a monosillabi, e i suoi silenzi erano leggendari. I suoi colleghi dell'università di Cambridge avevano scherzosamente inventato una nuova unità di misura per le duscussioni: un 'dirac', equivalente a 'una parola all'ora'! (In una recente biografia di Dirac [1], l'autore, Graham Farmelo, esplora anche la possibilità che Dirac, '*l'uomo più strano del mondo*', soffrisse di una forma di autismo.)

Durante la sua permanenza a Copenaghen, Dirac scrisse due articoli, nei quali pose le fondamenta della teoria quantistica dell'elettromagnetismo, nota con il nome di '*elettrodinamica quantistica*'. Il secondo lo scrisse nei mesi successivi, durante un soggiorno a Gottinga. (A Gottinga, Dirac incontrò Robert Oppenheimer, che era ospite della stessa pensione, e i due diventarono stretti amici. In quei giorni, l'eclettico Oppenheimer leggeva *La Divina Commedia* di Dante, scritta in italiano, sorprendendo Dirac, i cui unici interessi erano la fisica e la matematica.) Nella teoria elaborata da Dirac, il campo elettromagnetico non è più considerato un'entità fisica continua, come lo era stato dai tempi di Maxwell, ma è composto di fotoni (i quanti di luce di Einstein), particelle di massa nulla, le quali hanno un'energia e una quantità di moto, e sono create e distrutte dallo stesso campo. Per esempio, quando un atomo compie un salto quantico da un livello di energia a un altro superiore, il campo elettromagnetico della luce che lo illumina, distrugge un fotone, e cede la sua energia all'atomo. Quando, invece, l'atomo compie una transizione da un livello superiore a uno inferiore, cede un quanto di energia al campo, il quale crea un nuovo fotone. [2]

Dopo i lavori di Dirac, Heisenberg e Pauli scrissero anche loro due articoli nei quali spiegarono come la meccanica quantistica poteva essere applicata non solo al campo elettromagnetico, ma anche ad altri campi, corrispondenti alle particelle di materia, le quali possono essere interpretate come dei quanti di energia e di quantità di moto del loro proprio campo quantistico (per esempio, l'elettrone è il quanto del campo quantistico elettronico). Le idee di Heisenberg e di Pauli rappresentavano i primi tentativi di una *teoria quantistica dei campi*, che è oggi a fondamento del moderno *modello standard*, la teoria che spiega le particelle e le loro interazioni, attraverso le forze fondamentali della natura.

L'equazione di Dirac

L'anno successivo (1928), Dirac ritornò al centro della scena, per annunciare un'altra meraviglia della meccanica quantistica. Egli propose una nuova equazione per l'elettrone, nella quale incluse gli effetti della relatività ristretta di Einstein (l'equazione di Schrödinger, infatti, si applica solo a particelle che si muovono a delle velocità piccole rispetto alla velocità della luce; inoltre, non prevede lo *spin* dell'elettrone). Nell'equazione di Dirac, invece, la funzione d'onda *psi*, che rappresenta l'elettrone, ha due componenti, le quali corrispondono allo *spin* della particella: una componente è associata alla probabilità che lo *spin* sia '*verso l'alto*' (nella direzione rispetto alla quale si misura lo stesso *spin*; numero quantico: $s = + 1/2$), e l'altra che lo *spin* sia '*verso il basso*' ($s = - 1/2$). Così, lo *spin* dell'elettrone non è più l'ipotesi *ad hoc*, suggerita da Uhlenbeck e Goudsmit (Capitolo 4), ma deriva in modo naturale dall'equazione stessa.

La sorpresa più sconcertante per Dirac fu che esistevano altre due componenti della funzione d'onda *psi*, una che corrispondeva a un'energia dell'elettrone positiva, l'altra a un'energia negativa! Che cosa fare dei due stati di energia negativa (una per ogni orientazione dello *spin*)? Veramente, un bel rompicapo per il povero Paul! Egli scriveva:

"Il problema degli stati di energia negativa fu per me un rompicapo per molto tempo... [Alla fine] accettai che gli stati di energia negativa non potevano essere esclusi dalla teoria matematica, e pensai che bisognasse tentare di trovare una spiegazione fisica".

Le due componenti della *psi*, non rappresentavano un rompicapo solo per Dirac, ma suscitavano una forte perplessità anche in altri suoi colleghi (in particolare, in Heisenberg e Pauli), i quali erano molto scettici rispetto alla nuova equazione relativistica dell'elettrone. Nel frattempo, Dirac si recò in Russia (allora Unione Sovietica). Era il primo dei numerosi viaggi che farà in quel paese, per incontrare amici, tenere conferenze, e partecipare a congressi (Dirac era un simpatizzante comunista, e nutriva una grande ammirazione per il sistema sociale dell'Unione Sovietica). Dopo la Russia, nel 1929, si recò negli Stati Uniti, per una serie di conferenze all'università del Wisconsin. Poi, nel mese di settembre, insieme a Heisenberg (il quale si trovava negli Stati Uniti, ospite dell'università di Chicago), intrapresero un viaggio verso il Giappone, dove entrambi tennero una serie di conferenze. Dal Giappone, Dirac ritornò in Inghilterra, attraversando la Russia con la transiberiana. Durante questo lungo viaggio pensò continuamente alle componenti della sua funzione d'onda *psi*.

Alla fine trovò una soluzione che sembrava convincente: gli stati di energia negativa, pensò, corrispondono a particelle con carica elettrica positiva, che lui identificò con i protoni, le uniche particelle subatomiche che, insieme agli elettroni, si conoscevano in quegli anni. Scrisse un articolo, nel quale espose la sua idea. Subito dopo, il suo amico Oppenheimer dimostrò che l'ipotetica particella doveva avere la stessa massa dell'elettrone. Dirac riconobbe il proprio errore, e nel 1931 propose l'esistenza della prima '*antiparticella*' della storia, con carica positiva, e con le altre caratteristiche (massa e *spin*) uguali a quelle dell'elettrone. La battezzò con il nome di '*antielettrone*'.

Così, all'inizio degli anni Trenta, Dirac pensava che le quattro componenti della sua *psi* corrispondessero a *elettroni* e *antielettroni* con gli *spin* opposti: e⁻ (*spin* su), e⁻ (*spin* giù), e⁺ (*spin* su), e⁺ (*spin* giù). A quei tempi, nessuno aveva mai visto un antielettrone, e non c'era fisico sperimentale che prendesse sul serio le idee di Dirac.

Il positrone si rivela

L'americano Carl Anderson (nato a New York nel 1905) era uno studente di ricerca del Caltech. Il suo supervisore era Robert Millikan. (Nel 1921, Millikan si era trasferito da Chicago al Caltech, e aveva contribuito a trasformare il piccolo politecnico di Pasadena, vicino a Los Angeles, in un importante centro di ricerca. Verso la fine degli anni Venti aveva iniziato a studiare i raggi cosmici, la radiazione che arriva sulla Terra dallo spazio cosmico, scoperta dall'austriaco Victor Hess nel 1912). Nel 1930, Anderson conseguì il Ph.D., e subito dopo iniziò la sua attività di ricerca sui raggi cosmici, nel gruppo di Millikan.

Anderson costruì un apparato sperimentale, composto da una camera di Wilson equipaggiata con un magnete. (La camera di Wilson è uno strumento per rivelare le tracce lasciate da particelle con carica elettrica, in un recipiente contenente del vapore. Era stata inventata dal fisico inglese C.T.R. Wilson all'inizio del secolo.) Le traiettorie delle particelle dei raggi cosmici erano incurvate dal campo magnetico del magnete, e rese visibili nella camera di Wilson.

All'interno della camera c'era anche una lastra di piombo, che le particelle dovevano attraversare. Anderson scattò migliaia di fotografie con tracce di particelle, per giorni e notti. Erano quasi tutte tracce di elettroni, i quali erano stati prodotti dalle interazioni dei raggi cosmici con gli atomi dell'atmosfera, o con quelli delle pareti della camera. Alcune tracce indicavano però particelle le cui traiettorie avevano un verso opposto a quelle degli elettroni.

Tra queste tracce, il 2 agosto 1932, Anderson ne notò una con una curvatura particolare. La analizzò con cura; osservò come la sua curvatura cambiava dopo che la particella aveva attraversato la lastra di piombo; calcolò l'energia che aveva perso nella lastra, e concluse che l'unica interpretazione possibile era che doveva essere un '*elettrone positivo*', con la stessa massa dei comuni elettroni degli atomi. L'antielettrone di Dirac, a cui nessuno aveva creduto, esisteva veramente! Era una realtà! Anderson non era al corrente della predizione di Dirac, e annunciò la sua scoperta in un primo articolo sulla rivista *Science*, e in seguito, in modo più dettagliato, sulla rivista *Physical Review*. Nel riassunto dell'articolo scrisse: "*queste particelle saranno denominate positroni…*".

Molti dei fisici, che non credevano alla teoria di Dirac (tra questi, anche Bohr e Rutherford), nutrivano seri dubbi anche riguardo alla singolare scoperta di Anderson. Pensavano che avesse commesso qualche errore nell'interpretare le sue fotografie. Tutto si risolse, pochi mesi dopo, grazie agli avvenimenti del Cavendish. Così scrisse Anderson:

"*[Quando]… nell'autunno del 1932 Millikan discusse il positrone in un seminario al Cavendish, molti dei presenti suggerirono freddamente che Anderson era senza dubbio finito intrappolato in qualche errore d'interpretazione… La situazione al Cavendish Laboratory non cambiò fino a quando Blackett… ottenne i suoi risultati, i quali verificavano l'esistenza della nuova particella*". [3]

Al Cavendish, l'allievo di Rutherford, Patrick Blackett, e un giovane fisico italiano, Giuseppe Occhialini, avevano potenziato la tecnica di Anderson, ed erano riusciti a ottenere molte fotografie di positroni; e inoltre, alcune fotografie che mostravano la presenza di gruppi di particelle contenenti elettroni e positroni in egual numero.

L'interpretazione di questi gruppi fu trovata ancora nell'ambito della teoria di Dirac. Infatti, secondo questa teoria, dei fotoni di alta energia (raggi gamma), che interagiscono con la materia, producono elettroni e positroni sempre in coppia. In questo processo fisico (il termine tecnico è '*produzione di coppie*'), gran parte dell'energia del fotone è convertita nelle masse della particella (elettrone) e dell'antiparticella (positrone), secondo la celebre formula dell'equivalenza massa-energia di Einstein. Inoltre, la teoria di Dirac prevede che, quando un positrone si scontra con un elettrone, i due corpuscoli si annichilano, e le loro masse sono completamente trasformate in fotoni, cioè, in pura energia elettromagnetica (il termine tecnico è '*annichilazione particella-antiparticella*'). È questo il motivo per cui è difficile rivelare un positrone: essi si annichilano con estrema facilità con gli elettroni degli atomi della materia che attraversano. La seguente lettera di Ralph Fowler (genero di Rutherford) a Millikan indica come suo suocero si convinse dell'esistenza del positrone.

"Ho appena ricevuto una lettera da Rutherford che contiene dei risultati di Blackett... Il fatto è che si sono arresi sulla questione dell'elettrone positivo, e concordano con Anderson 'che essi sono presenti'... tra le... particelle osservate in fotografie [della camera di] Wilson [che riguardano] effetti dei raggi cosmici... P.S. Viva Caltech e il Cav. Lab.". [3]

!! Viva il Caltech, Viva il Cavendish, Viva Dirac!!

All'interno del nucleo

L'effetto tunnel

George Gamow giunse a Gottinga nell'estate del 1928

(Capitolo 4). A quei tempi si conoscevano molte cose sui nuclei atomici. Tutti erano convinti che la radioattività, scoperta trent'anni prima, fosse un fenomeno che riguardava appunto i nuclei. Esistevano però alcuni problemi; uno di questi era che non si comprendeva il meccanismo della radioattività dei raggi alfa.

Secondo la fisica classica, quando una particella alfa è lanciata, per esempio contro un nucleo leggero, è respinta dalla forza elettrica, perché le due cariche (quella del nucleo e quella della particella) sono dello stesso segno (entrambe positive). Se però l'energia cinetica della particella alfa (proporzionale al quadrato della sua velocità) è sufficientemente elevata, per cui essa viene in contatto con il nucleo, un'intensa forza attrattiva (che, come vedremo in seguito, è presente solo all'interno del nucleo) prevale, e cattura la particella: avviene così una disintegrazione nucleare (come quelle scoperte da Rutherford, Capitolo 3).

Allo stesso modo, una particella alfa, per essere espulsa da un nucleo radioattivo (per esempio l'uranio), e dare luogo alla radioattività, dovrebbe avere un'energia così elevata da vincere la forza attrattiva, ed essere così respinta verso l'esterno dalla forza elettrica. Riassumendo: sia per essere catturata da un nucleo, sia per essere espulsa da un nucleo, la fisica classica prevede che la particella alfa debba avere un'energia superiore a quella della barriera energetica che circonda il nucleo stesso. (Analogia sportiva: quando la medaglia d'oro Ivan Ukhov, alle Olimpiadi di Londra del 2012, superò la barriera dei 2,38 metri, aveva un'energia cinetica superiore all'energia di posizione della barriera, rappresentata dall'asticella.) Ebbene, studiando la diffusione delle particelle alfa da parte dell'elemento uranio, Rutherford era riuscito a determinare (in unità di energia) l'altezza della barriera che circonda il nucleo dell'atomo uranio. D'altro canto, gli esperimenti dimostravano che le particelle alfa emesse dallo stesso uranio avevano un'energia inferiore all'altezza della rispettiva barriera! Perciò, secondo la fisica classica, queste particelle non avrebbero potuto essere espulse da quel nucleo.

Era questo il dilemma sul quale meditava il giovane Gamow, durante il suo soggiorno a Gottinga. Ed ecco la strada che seguì per risolverlo: intuì che, mentre le regole della fisica classica non permettono in alcun modo alle particelle alfa di oltrepassare la barriera, le regole della fisica quantistica, invece, lo permettono. Egli risolse l'equazione di Schrödinger e ottenne la funzione d'onda *psi* che rappresentava la particella alfa. La utilizzò per calcolare la probabilità che una particella potesse penetrare la barriera di energia del nucleo in esame, e ottenne un numero diverso da zero. La particella alfa ha quindi una certa probabilità, seppure piccolissima, non di superare, ma di penetrare attraverso la barriera, e quindi di essere espulsa (o catturata) dal nucleo. È questo il cosiddetto '*effetto tunnel*'.

Gamow calcolò tale probabilità nel caso specifico dell'uranio. Ricavò poi il suo 'tempo di dimezzamento' (intervallo durante il quale metà dei nuclei instabili di uranio hanno espulso una particella alfa), e verificò che era uguale a quello misurato sperimentalmente (circa 4,5 miliardi di anni). Un bel successo per il giovane ucraino! Era la prima volta che la meccanica quantistica era applicata ai nuclei. (L'effetto tunnel era già stato preso in considerazione, negli anni precedenti, da altri fisici, tra i quali Oppenheimer, riguardo a problemi di fisica atomica e molecolare, e dello stato solido). Poco tempo dopo, Gamow scoprì che lo stesso effetto, riguardante il decadimento alfa, era stato proposto dai fisici Ronald Gurney e Edward Condon, i quali lavoravano all'università di Princeton (USA). (L'articolo di Gamow fu ricevuto dalla rivista *Zeitschrift für Physik* il 28 luglio 1928, mentre quello di Gurney e Condon fu ricevuto da *Nature* il giorno dopo.) Nell'autunno dello stesso anno, Gamow (era a Copenaghen da Bohr, Capitolo 4) decise di andare in Inghilterra, al Cavendish Laboratory, per discutere, con i collaboratori di Rutherford, sull'effetto inverso; ossia, sulla probabilità che una particella, scagliata contro un nucleo, possa penetrare la barriera che lo circonda. Ricorderà John Cockcroft, che insieme con Ernest Walton aveva costruito il primo acceleratore di particelle lineare:

"Discussi con lui [Gamow] il problema inverso: l'energia che sarebbe stata necessaria per un protone accelerato da alte tensioni per penetrare i nuclei degli elementi leggeri".

Così, nel mese di aprile 1932, Cockcroft e Walton accelerarono protoni ad alte energie, e osservarono le particelle alfa prodotte nelle disintegrazioni dei nuclei di litio. Erano le prime disintegrazioni di nuclei leggeri provocate da protoni accelerati artificialmente. I due sperimentatori verificarono anche che le reazioni nucleari osservate avvenivano in accordo con la formula di Einstein che esprime l'equivalenza tra massa ed energia (l'energia prodotta in una reazione nucleare è uguale alla differenza tra la massa dei nuclei figli e quella dei nuclei padri, moltiplicata per il quadrato della velocità della luce nel vuoto). Era la prima verifica sperimentale della celebre formula.

Pauli e il neutrino

L'enigma del decadimento beta

Un altro enigma turbava le notti dei fisici. Era l'emissione dei raggi beta (elettroni) dai nuclei radioattivi (il cosiddetto *decadimento beta*). Il quesito che si ponevano era il seguente: da dove proviene l'energia degli elettroni veloci emessi dai nuclei?

Einstein aveva insegnato che l'energia può essere creata dalla conversione di una piccolissima massa. E i fisici sapevano da lungo tempo che, a differenza dei raggi alfa e gamma, i quali sono emessi sempre con la stessa energia, i raggi beta emergono dai nuclei con un ampio spettro (intervallo) di energie. (Questa scoperta era stata fatta da James Chadwick nel 1914, quando era un giovane ricercatore al PTR di Berlino-Charlottenburg, Capitolo 3). Una distribuzione continua dell'energia significa che molti elettroni non sono sufficientemente veloci per rendere conto della frazione della massa del nucleo convertita in energia cinetica. Che fine ha fatto l'energia mancante?

Per risolvere l'enigma, Bohr era pronto ad abbandonare il 'sacro' principio della conservazione dell'energia, almeno quando è applicato ai sistemi microscopici, come i nuclei (egli pensava che il principio fosse valido solo statisticamente). Intervenne allora Pauli, il quale propose una soluzione radicalmente nuova e molto audace.

Amore e psiche

Pauli descrisse gli anni 1930 e 1931 come gli anni *"di crisi della mia vita"*. Nel 1927 sua madre aveva messo fine alla propria vita avvelenandosi, a causa dell'infedeltà del marito, il padre di Wolfgang, il quale si era risposato l'anno successivo con la *"malvagia matrigna"* (Wolfgang era molto legato alla madre, e la sua morte fu per lui un trauma). Nel dicembre 1929 ebbe l'infelice idea di sposarsi con una ballerina berlinese, che lavorava in un nightclub. Fu subito evidente che il matrimonio era un fallimento. Due mesi dopo scriveva a un amico: *"Se mia moglie se ne andrà, lo comunicherò per scritto a te e agli altri amici"*. Infatti, la moglie se ne andò, e nel mese di novembre 1930 i due divorziarono. Pauli sprofondò allora in una grave depressione; cadde in preda all'alcolismo; divenne aggressivo, al punto da essere coinvolto in diverbi e scontri fisici nei bar di Zurigo, che frequentava assiduamente. Il padre gli consigliò di rivolgersi al famoso psicoanalista Carl Gustav Jung. Pauli seguì il consiglio del padre e consultò il famoso scienziato. Così spiegò la sua decisione [4]:

"[Consultai] il Sig. Jung a causa di certi disturbi nervosi che sono connessi con il fatto che è più facile per me avere successo nell'ambiente accademico che con le donne".

E Jung così descrisse Pauli:

"È una persona molto istruita, con uno straordinario sviluppo dell'intelletto, cosa che, evidentemente, è all'origine del suo disturbo... Sfortunatamente questo tipo d'intellettuale non presta attenzione alla sua vita interiore... e vive esclusivamente in un mondo... di pensieri. Così in tutte le

relazioni con gli altri e con se stesso, si è completamente smarrito".

Jung, per evitare ogni influenza da parte sua, affidò Pauli a un'assistente, Erna Rosenbaum, che era da poco laureata. Così, seguito dalla dottoressa Rosenbaum, dal febbraio 1932, il singolare paziente scandagliò, per cinque mesi, il proprio inconscio, descrivendo minuziosamente i suoi sogni. Dopo questo periodo di psicoanalisi, Jung entrò in contatto direttamente con Pauli, e analizzò quattrocento dei suoi sogni. Da allora i due scienziati collaborarono per circa un quarto di secolo. Si scambiarono una fitta corrispondenza, e discussero le basi comuni della fisica e della psicologia.

Se il primo matrimonio fu l'inizio della crisi, il secondo gli permise di uscirne. Nel 1933 Pauli incontrò Franca Bertram, che sposò l'anno successivo. Fu un buon matrimonio, che durò fino agli ultimi giorni di vita dello scienziato.

Il neutrino

Torniamo al decadimento beta, e alla proposta audace di Pauli. La sua idea era che, nella disintegrazione beta di un nucleo, non fosse emesso solo un elettrone, ma anche un'altra particella, la quale trasportava l'energia mancante. Egli espose questa sua idea, per la prima volta, in una lettera inviata ai partecipanti di un congresso sulla radioattività, che si svolgeva a Tubinga. La lettera porta la data del 4 dicembre 1930, meno di un mese dopo il suo divorzio.

"Care Signore e Cari Signori radioattivi... Ho considerato, riguardo... allo [spettro] continuo [dei raggi beta], una via d'uscita per salvare... la conservazione dell'energia: cioè, la possibilità che all'interno dei nuclei ci siano delle particelle elettricamente neutre... che hanno spin 1/2 e seguono il principio di esclusione... Non mi sembra consigliabile, per il momento, pubblicare qualcosa a proposito di questa idea... Sfortunatamente non posso venire personalmente a Tubinga, perché devo rimanere qui per un

ballo che avrà luogo a Zurigo nella notte tra il 6 e il 7 dicembre". [5]

Il neutrino di Pauli (il nome della particella è attribuito a Enrico Fermi) effettivamente risolse l'enigma del decadimento beta? La risposta emergerà con chiarezza nei quattro anni successivi.

La scoperta del neutrone

Dopo che Rutherford, nel 1919, aveva annunciato che i nuclei atomici contenevano i *protoni* (nuclei dell'atomo di idrogeno; particelle con carica elettrica uguale a quella degli elettroni, ma di segno opposto, e con una massa circa 1836 volte più grande di quella degli elettroni), i fisici pensavano che un nucleo atomico fosse composto di protoni e di elettroni. L'idea presentava però molte difficoltà teoriche, ed era in contrasto con alcuni risultati sperimentali. La situazione si chiarì nel 1932, con la scoperta del '*neutrone*', da parte di James Chadwick (allora stretto collaboratore di Rutherford al Cavendish Laboratory). Ecco come si susseguirono gli eventi.

Berlino, 1930. Il fisico tedesco Walther Bothe, bombardando atomi di berillio con particelle alfa, scoprì che si produceva una nuova forma di radiazione, molto più penetrante dei raggi gamma.

Parigi, 1931. Irène Curie (figlia di Marie e Pierre Curie) e suo marito, Frédéric Joliot, osservarono che la radiazione scoperta da Bothe provocava l'espulsione di protoni dagli atomi di idrogeno contenuti in un blocco di paraffina (sostanza che contiene molti atomi di idrogeno). Essi continuarono a pensare che la 'radiazione del berillio', che provocava l'espulsione dei protoni, fosse composta di raggi gamma, e pubblicarono i loro risultati nel febbraio 1932, sulla rivista dell'Accademia delle Scienze di Parigi.

Cambridge, 1932. Appena Chadwick lesse l'articolo dei coniugi Joliot-Curie, si precipitò nel suo laboratorio, e ripeté l'esperimento, con un apparato che gli permise di in-

terpretare correttamente la natura della 'radiazione del berillio'. Egli concluse che quella radiazione non era composta da raggi gamma, ma da particelle con una massa circa
uguale a quella dei protoni, e con una carica elettrica uguale a zero. Così Mark Oliphant, un ricercatore del Cavendish, racconta come Chadwick annunciò la scoperta del
neutrone al Club Kapitza. (Nel club si riunivano i ricercatori di Rutherford per discutere di fisica. Era stato fondato
da Pëtr Kapitza, un esuberante e brillante fisico russo, che
scorrazzava nelle strade di Cambridge su una potente auto
sportiva Lagonda. Dopo essere ritornato in Russia, nel
1934, scoprì la superfluidità dell'elio, e nel 1978 gli fu
conferito il Nobel.)

*"Ho un vivido ricordo di quando Chadwick descrisse i
suoi esperimenti al Club Kapitza. Egli aveva prima pran-
zato con Kapitza, e i due avevano bevuto abbondantemen-
te per celebrare la scoperta. Per cui era di ottimo umore.
Tutti al Cavendish erano eccitati, compreso Rutherford,
perché erano già circolate indiscrezioni sui risultati di
Chadwick. La sua relazione fu molto lucida e convincente,
e l'ovazione che ricevette dal pubblico fu spontanea e
calorosa"*. [6]

Chadwick comunicò i suoi straordinari risultati in un breve
articolo, che uscì sul numero di marzo di *Nature*.

La struttura dei nuclei

Appena la notizia della scoperta di Chadwick giunse a Lipsia, Heisenberg si mise al lavoro, e cominciò a elaborare
un modello teorico del nucleo atomico, composto di protoni e neutroni, e non di protoni ed elettroni, come si era
pensato fino allora. Ogni elemento chimico è quindi defi-
nito da due numeri: il numero di *protoni* racchiusi nel nucleo dei suoi atomi (è il *numero atomico Z*, uguale al numero di elettroni che circondano il nucleo, e che indica la
posizione dell'elemento nel sistema di Mendeleev, Capitolo 3), e il numero di *neutroni* (la somma dei due numeri
è uguale al numero di '*nucleoni*': protoni + neutroni).

Ma come possono i nucleoni (protoni e neutroni) stare uniti nei nuclei, senza che l'intensa repulsione elettrica tra i protoni (tutti con carica dello stesso segno) non provochi l'esplosione del nucleo stesso? Fu ancora Heisenberg a rispondere alla domanda: nel nucleo, i protoni e i neutroni sono tenuti uniti da una forza attrattiva, molto più intensa della forza repulsiva elettrica. L'intensità della nuova forza, che oggi chiamiamo *'forza nucleare forte'*, diminuisce molto rapidamente con la distanza, diventando praticamente uguale a zero al di fuori del nucleo.

Il Faust a Copenaghen

Dal 3 al 13 aprile 1932, i più brillanti fisici quantistici dell'epoca si riunirono a Copenaghen, per l'annuale convegno di primavera. Ogni anno, al termine del convegno, si metteva in scena uno spettacolo, dedicato agli ultimi sviluppi della fisica. Essendo il 1932 il centenario della morte di Goethe, gli scienziati di Bohr decisero di recitare una parodia del capolavoro dello scrittore tedesco, il *Faust*.

Max Delbrück scrisse gran parte del dramma. I personaggi di Goethe furono sostituiti dai fisici che partecipavano alle conferenze: *Mefistofele* fu sostituito dall'irascibile Pauli, mentre *Faust* dall'olandese Ehrenfest. Il ruolo di *Dio* fu riservato, ovviamente, a Bohr, e *Wagner* diventò Chadwick. In questo lavoro teatrale, presentato pochi mesi dopo la scoperta del neutrone, *Mefistofele* cerca di vendere a *Faust* l'idea del neutrino (*Gretchen*), privo di massa e di carica elettrica. Nel 'Finale', *Wagner* recita l'apoteosi del neutrone, particella con massa, che non può certo sostituire il neutrino, il quale continua a essere la particella prediletta da *Mefistofele*.

------ o ------

Aneddoti e frammenti

Il genio taciturno

"Dopo la nomina di Dirac alla cattedra di Cambridge, Niels Bohr domandò al decano dei fisici britannici, J.J. Thomson, se la nomina era di suo gradimento. Thomson rispose con la seguente parabola. Un uomo entra in un negozio di uccelli, per acquistare un pappagallo. Il prezzo non è importante, ma l'uccello deve parlare. Qualche giorno dopo, dato che il pappagallo non aveva pronunciato una sola parola, l'uomo ritorna... e si lamenta. 'Ah', dice il proprietario del negozio, 'Devo avere fatto un errore. Pensavo che fosse un parlatore, ma ora vedo che è un pensatore' ".

(*Walter Gratzer*) [7]

Al posto di Bethe

"Quando arrivai a Zurigo... nell'autunno del 1933, scoprii perché Pauli aveva scelto me al posto di Bethe. Bussai parecchie volte alla porta del suo ufficio, fino a quando sentii un debole 'entrate'. Vidi Pauli alla sua scrivania, in fondo alla stanza. Egli disse: 'Aspetti, aspetti, devo finire un calcolo'... Così aspettai per parecchi minuti. Poi disse: 'Chi è lei?' 'Sono Weisskopf, lei mi ha chiesto di diventare suo assistente'. 'Si', continuò, 'prima volevo prendere Bethe, ma lui lavora sulla teoria dello stato solido, [ricerca] che non mi piace, sebbene me ne fossi un tempo occupato ...' Quella, allora, era la [vera] ragione!".

(*Victor Weisskopf*) [8]

L'orologio del mondo

Il più significativo dei sogni di Pauli. *"Sogno n. 59 (La grande visione). È un cerchio verticale e uno orizzontale con un centro comune. Quello è l'orologio del mondo. È trasportato da un uccello nero. Il cerchio verticale è un disco blu con un bordo bianco diviso in 4×8 = 32 parti. Un puntatore ruota su di esso. Il cerchio orizzontale consiste di quattro colori. Su di esso ci sono quattro piccoli uomini con dei pendoli, e intorno al cerchio c'è un anello, una volta nero, e ora d'oro, il quale era stato in precedenza portato da quattro bambini. L'orologio ha tre ritmi o impulsi: nell'impulso piccolo, il puntatore del cerchio verticale blu avanza per 1/32. L'impulso medio corrisponde a una rotazione completa del puntatore. Simultaneamente, il cerchio orizzontale avanza di 1/32. Nell'impulso grande, 32 impulsi medi corrispondono a una rotazione completa dell'anello d'oro".*

"Commento [di Jung]:

Questa strana visione fece una profonda e durevole impressione sul sognatore, un'impressione della più elevata armonia...".

(*Physics Today*) [9]

Pauli e la Kabalah

"[*Pauli era molto amico di*] Gershom Scholem,... [*un'autorità*] *mondiale del misticismo ebraico, la Kabalah.* (*La Kabalah assegna un numero a ogni parola della lingua ebraica, un numero che ha un profondo significato simbolico. Il numero corrispondente a 'kabalah' è il 137)".*

(*Victor Weisskopf*) [8]

Il numero 1/137 è la famosa costante di struttura fine (Capitolo 3). Per Pauli, aveva anche un significato simbolico: il suo reciproco è il numero 137!

Il portafortuna di Bohr

Un amico domandò a Bohr se credeva veramente che il ferro di cavallo, che aveva sulla porta della sua casa di campagna, portasse fortuna. Bohr rispose: "*No, non credo, ma dicono che porti fortuna anche a chi non ci crede*".

Faust (*Copenaghen, 1932*)

Gretchen

"La mia Massa è zero, / la mia Carica pure.
Tu sei il mio eroe, / il mio nome è Neutrino.

… La mia anima anela verso di te, amore mio.
Il mio povero cuore si strugge per te solo.

La mia anima consunta d'amore ti appartiene.
Non posso dominare il mio trepido spin.

Finale

Wagner

È nato il neutrone, pieno di Massa / e privo in eterno di
Carica.
Sei d'accordo, Pauli?

Mefistofele

… Buona fortuna a te, Ersatz, peso massimo;
ti diamo con piacere il benvenuto!
Ma la passione fila sempre le nostre trame, /
e Gretchen è il mio tesoro!"

(George Gamow) [10]

------ o ------

NUBI MINACCIOSE

Gli eventi del 1933

L'uragano nazista

Il crollo della Borsa di Wall Street, dell'ottobre 1929, provocò una crisi economica in tutto il mondo, in particolare in Germania. La recessione e la disoccupazione fecero aumentare il numero degli aderenti al partito Nazionalsocialista (Nazista). I nazisti (organizzati nelle Camicie Brune) e i comunisti (nel Fronte Rosso) si scontrarono con violenza in tutte le elezioni che si susseguirono, e i voti a favore del partito nazista aumentarono costantemente. Alle elezioni del luglio 1932, il gruppo nazista diventò il più numeroso del Reichstag (il parlamento tedesco).

Anziani generali, ed esponenti dell'aristocrazia e dell'industria esercitarono pressioni sul presidente della repubblica Hindenburg, affinché nominasse cancelliere Adolf Hitler, il capo del partito nazista. Hitler divenne cancelliere il 30 gennaio 1933. Nel mese di marzo indisse nuove elezioni, ottenne la maggioranza dei seggi nel Reichstag, e fece votare una legge che gli concedeva poteri dittatoriali. Il nuovo governo promulgò un provvedimento, il quale imponeva alle autorità di allontanare gli ebrei dalla pubblica amministrazione, incluse le università. Così, nel giro di un anno, duemila membri delle facoltà universitarie tedesche furono obbligati a dimettersi. La scuola di Gottinga fu distrutta: Max Born e James Franck, entrambi di origine ebraica, dovettero lasciare la Germania. E con loro altri fisici, che abbiamo incontrato nel nostro racconto: il tedesco Hans Bethe lasciò l'università di Tubinga; gli ungheresi Eugene Wigner e Leó Szilárd e il tedesco Fritz London, l'università di Berlino; lo svizzero Felix Bloch l'università di Lipsia; il tedesco Otto Stern e l'austriaco Otto Frisch l'università di Amburgo; l'austriaca Lise Meitner l'istituto di chimica Kaiser Wilhelm di Berlino.

Planck dal Führer

Nel 1933 il professor Planck aveva settantacinque anni. Era presidente della Società Kaiser Wilhelm (oggi Società Max Planck) per l'avanzamento della scienza. Nel mese di maggio di quell'anno, quando l'esodo degli ebrei era già iniziato, Planck chiese udienza al *Führer*. Ecco alcuni stralci di una sua intervista del 1947.

"Hitler rispose con queste parole: *'Non ho nulla contro gli ebrei. Ma gli ebrei sono tutti comunisti, e questi sono miei nemici, contro i quali è diretta la mia lotta più completa'… Alla mia osservazione che sarebbe stato autodistruttivo se validi ebrei fossero stati costretti a emigrare,… egli si rifiutò di fare altri commenti… e conclude*: *'Essi dicono che io sia a volte debole di nervi. Questa è una calunnia. Ho nervi d'acciaio'. A quel punto… parlò sempre più velocemente, e si scatenò in una tale furia, che io non ebbi altra scelta se non quella di piombare in silenzio e andarmene".* [7]

L'emigrante Einstein

Nel gennaio 1933, quando Hitler prese il potere, Einstein era al Caltech, a Pasadena (USA). Egli non perse tempo ad attaccare il nuovo regime e, nel mese di marzo, dichiarò che non sarebbe ritornato in Germania, a meno che il clima politico fosse cambiato. Nella primavera ritornò in Europa, e si rifugiò a Villa Savoyard, nella stazione balneare di Le Coq-sur-Mer, sulla costa belga del mare del Nord, dove la moglie chiese la protezione della polizia, per paura di un attentato da parte dei nazisti. Si dimise dall'Accademia Prussiana delle Scienze e, in un comunicato ufficiale, l'accademia annunciò di accettare le dimissioni *"senza rimpianti"* (Max Laue fu l'unico membro dell'accademia a protestare). Nel mese di giugno, Einstein incaricò Laue di ritirare il suo nome dalle organizzazioni tedesche a cui apparteneva. I suoi libri furono bruciati, e le sue proprietà confiscate (Elsa scrisse: *"I nazisti hanno occupato la casa di Caputh [la casa di campagna, vicino a Berlino], e hanno confiscato ogni cosa che hanno trovato").*

Nel 1934 gli fu revocata la cittadinanza tedesca, e il 7 ottobre, Einstein, sua moglie, e due suoi collaboratori, si imbarcarono da Southampton (Inghilterra) per gli Stati Uniti. Andarono a Princeton, dove Einstein fu nominato professore di fisica teorica all'Institute for Advanced Study (aveva ricevuto altre offerte dalle università di Gerusalemme, Leida, Oxford, Madrid, e Parigi). A Princeton rimarrà per il resto della sua vita. Non ritornerà mai più in Germania.

I Premi Nobel 1932 e 1933

A partire dal 1927, il Comitato Nobel per la fisica considerò l'importanza della meccanica quantistica, da poco nata. Ma i suoi componenti erano ancora riluttanti a considerarla degna di un premio, perché, pensavano che non avesse ancora prodotto scoperte sperimentali significative. Le cose cambiarono nel 1929, dopo gli esperimenti di Davisson e Germer e di G.P. Thomson sulla diffrazione degli elettroni (Capitolo 4). Carl Oseen, allora membro del Comitato, e l'unico competente di fisica teorica, dichiarò che *"abbondanti prove sperimentali sul dualismo onda-corpuscolo sono state ottenute"*. E così il Comitato raccomandò all'Accademia che il premio del 1929 fosse assegnato a Louis de Broglie (Capitolo 4). Negli anni successivi, un numero crescente di nomine, in favore dei fondatori della meccanica quantistica, arrivò a Stoccolma. Finalmente, nel 1933, il Comitato fece la seguente raccomandazione all'Accademia [11]:

"Il Comitato è dell'opinione che sia giunto il momento di decidere sulla questione dei fondatori della nuova teoria atomica... Il Comitato propone che il Premio Nobel per il 1932 sia assegnato al professor Heisenberg (Lipsia) per la formulazione della meccanica quantistica... e che il premio... per il 1933 sia diviso tra il professor Schrödinger (Berlino) e il professor P.A.M. Dirac (Cambridge) per la

scoperta di nuove forme della teoria atomica e le sue applicazioni". (Il premio non era stato assegnato nel 1932.)

L'annuncio non riconosceva in alcun modo il ruolo cruciale di Max Born nello sviluppo della meccanica quantistica. E ciò suscitò non poche critiche. Heisenberg stesso scrisse a Born per esprimere la propria sorpresa, e il rammarico per non poter condividere il premio con lui.

Una teoria dei raggi beta

Nei primi anni Trenta, la fisica nucleare stava rapidamente fiorendo in numerosi centri di ricerca. La Conferenza Solvay dell'ottobre 1933 fu infatti dedicata alla *Struttura e proprietà dei nuclei atomici*.

Durante la conferenza, John Cockcroft descrisse gli esperimenti, eseguiti con Ernest Walton, sulle disintegrazioni nucleari prodotte da protoni accelerati artificialmente. Ernest Lawrence, dell'università di Berkeley (USA), dopo avere illustrato il funzionamento del '*ciclotrone*' (il nuovo acceleratore circolare, che lui stesso aveva inventato nel 1930), presentò i primi risultati sulle disintegrazioni nucleari ottenute nel suo laboratorio. Chadwick descrisse l'esperimento del Cavendish che gli permise di scoprire il neutrone, e Heisenberg discusse la struttura dei nuclei, come composti di soli protoni e neutroni. Frédéric Joliot e Irène Curie fecero un resoconto della strabiliante scoperta, fatta pochi mesi prima, della cosiddetta '*radioattività artificiale*' (elementi che diventano radioattivi dopo che sono stati bombardati con particelle alfa). Blackett descrisse la scoperta del positrone fatta da Anderson al Caltech, e dal suo gruppo al Cavendish. Fu discusso anche il problema degli spettri continui dei raggi beta, e l'audace idea del neutrino, avanzata da Pauli durante i tre anni precedenti.

Alla conferenza di Bruxelles partecipò anche Enrico Fermi. Dal 1927 occupava la cattedra di fisica teorica all'università di Roma. Qui, insieme a Franco Rasetti (suo amico dai tempi dell'università, a Pisa), aveva raccolto intorno a sé un gruppo di brillanti studenti (i cosiddetti 'ragazzi di Via Panisperna'): Edoardo Amaldi, Ettore Majorana, Bruno Pontecorvo, Emilio Segrè. Dall'inizio degli anni Trenta, il gruppo aveva iniziato a occuparsi di fisica nucleare sperimentale, mentre il professore continuava, in parallelo, il suo lavoro di fisico teorico.

Ritornato da Bruxelles, Fermi continuò a riflettere sulle idee che erano emerse durante la Conferenza Solvay, in particolare sugli spettri dei raggi beta, e sull'idea del neutrino. (Il termine 'neutrino' era stato suggerito dallo stesso Fermi, dopo un colloquio che aveva avuto con Pauli a Roma, nel 1931: subito si era diffuso tra i fisici di tutto il mondo.) Nell'inverno del 1933, ispirato da un'analogia con la radiazione elettromagnetica, formulò una teoria quantistica del decadimento beta. In essa introdusse un nuovo tipo di forza, la cosiddetta *interazione debole* (o *forza nucleare debole*), la quale provoca, in un nucleo, la conversione di un neutrone in un protone, con l'emissione di un elettrone e di un neutrino.

La nuova teoria descriveva il decadimento beta, senza assumere che gli elettroni e i neutrini fossero presenti nel nucleo, ma che essi erano creati nel preciso istante in cui l'elettrone veniva emesso, quando un nucleone effettuava un salto quantico dallo stato di 'neutrone' a quello di 'protone'. Inoltre, le particelle partecipanti al decadimento radioattivo (neutrone, protone, elettrone, neutrino) erano concepite come i quanti dei rispettivi campi.

Era nata la prima teoria quantistica dei campi, applicata a particelle diverse dall'elettrone e dal positrone. Con questa teoria, Fermi poté calcolare il tempo di dimezzamento dei nuclei che emettono raggi beta, il loro spettro di energia, e altre quantità che erano determinate negli esperimenti.

La fisica del neutrone

La scoperta di Parigi della radioattività artificiale, offrì al gruppo di Roma l'occasione per cominciare nuove importanti ricerche nel campo della fisica nucleare. Fermi pensò di ottenere sostanze radioattive bombardando gli elementi della tavola periodica con neutroni, invece di usare le particelle alfa, come avevano fatto i coniugi Joliot-Curie. (I neutroni sono più efficaci nel produrre reazioni nucleari, poiché, non possedendo una carica elettrica, non vengono respinti dal nucleo bersaglio.) In questo modo, Fermi e i suoi collaboratori riuscirono a produrre circa quaranta nuove sostanze radioattive. Nel mese di ottobre 1934 fecero la seconda scoperta (*"la più grande scoperta che mai abbia fatto"*, così la definì Fermi): i neutroni rallentati, facendoli filtrare attraverso uno strato di paraffina, erano molto più efficaci nel produrre le reazioni nucleari. Queste scoperte fecero diventare Roma un centro di fisica sperimentale a livello internazionale, e permisero a Fermi di conquistare l'ambito Premio Nobel.

I mediatori della forza nucleare forte

La teoria quantistica della forza nucleare debole, formulata da Fermi, contribuì a ispirare al fisico teorico giapponese Hideki Yukawa una nuova teoria della 'forza nucleare forte', l'intensa forza, sempre attrattiva, che tiene i nucleoni coesi nel nucleo atomico.

Subito dopo la scoperta del neutrone, e il suggerimento di Heisenberg che all'interno del nucleo i protoni e i neutroni erano tenuti uniti da una nuova forza, Eugene Wigner (allora all'università di Princeton) dimostrò che questa forza doveva avere un raggio d'azione molto breve, corrispondente alle dimensioni di un nucleo atomico.

Fu così che, nel 1934, Yukawa prese in considerazione il problema della natura di questa nuova forza. Egli pensò che i concetti di campo elettromagnetico e dei suoi quanti (di radiazione elettromagnetica) potevano essere modificati, al fine di dare origine a una nuova forza che potesse avere un raggio d'azione molto piccolo. Immaginò un nuovo campo, i cui quanti (che chiamò *'mesoni'*) erano le particelle mediatrici, che trasmettevano la forza stessa.

Egli scrisse:

"*Un mesone positivo... è emesso... quando un nucleone compie un salto dallo stato di protone a quello di neutrone, mentre un mesone negativo... è emesso... quando un nucleone compie un salto dallo stato di neutrone a quello di protone. Così un neutrone e un protone possono interagire uno con l'altro scambiandosi dei mesoni*".

Yukawa utilizzò poi il principio d'indeterminazione di Heisenberg per ottenere una relazione matematica tra la massa del mesone e il raggio d'azione della forza (la massa è inversamente proporzionale al raggio d'azione), e il risultato fu che i mediatori della forza nucleare forte dovevano avere una massa almeno 200 volte più grande di quella dell'elettrone. [12]

L'esperimento EPR

Era ormai un anno che Einstein viveva a Princeton, la cittadina del New Jersey, famosa per la sua antica università. La vita a Princeton era molto diversa da quella della grande e vibrante Berlino degli anni Venti. Lavoro all'Insitute for Advanced Study, musica nella sua villetta in Mercer Street 112; escursioni con la piccola barca sul vicino lago Carnegie; vacanze sulle spiagge di Long island, vicino a New York. Non erano mancati gli impegni pubblici, dovuti alla sua notorietà (nel gennaio 1934, Elsa e Albert furono ospiti del presidente Roosevelt, e dormirono alla Casa Bianca, nella storica 'Camera Franklin'). Nello stesso anno, la famiglia si allargò: alla moglie Elsa (morirà nel 1936, dopo una lunga malattia), e alla fedele segretaria Helena Dukas, si aggiunse la figlia di Elsa, Margot, giunta dall'Europa insieme con il marito. L'attività scientifica di Einstein era concentrata sulla ricerca di una teoria che unificasse l'elettromagnetismo e la gravitazione, il sogno che inseguiva dall'inizio degli anni Venti, e che continuerà a inseguire per tutta la vita, senza successo. Rifletteva anche sull'interpretazione della teoria quantistica; ossia, sulla realtà che essa cerca di descrivere. Era convinto del fatto che la nuova meccanica, secondo la cosiddetta 'interpretazione di Copenaghen', non era in grado di dare una descrizione completa del mondo reale. Pensava che, sotto il formalismo matematico, si nascondesse una realtà più fondamentale; che esistessero, cioè, quelle che in seguito furono chiamate *variabili nascoste*. Nel 1935, Einstein e due suoi giovani collaboratori, Boris Podolsky e Nathan Rosen, scrissero un articolo, nel quale proposero un 'esperimento mentale', i cui risultati non potevano essere spiegati nell'ambito della meccanica quantistica, perché in contraddizione con il principio d'indeterminazione di Heisenberg.

Per approfondire

L'esperimento mentale

Nell'*esperimento EPR* (o '*paradosso EPR*'), una particella (C) è ferma in un laboratorio. A un certo istante, C si disintegra in due altre particelle identiche (A e B). Queste si allontanano, in direzioni opposte, a grande distanza l'una dall'altra. La particella A raggiunge Alice, la quale misura la sua *quantità di moto* (*massa×velocità*) con una precisione assoluta. La particella B raggiunge Bob, il quale misura la sua *posizione*, anche questa con una precisione assoluta. Bob calcola anche la quantità di moto della particella B, perché sa che la quantità di moto totale delle due particelle (A+B) deve essere uguale (per il principio di conservazione della quantità di moto) alla quantità di moto di C (prima della disintegrazione), ossia, deve essere uguale a zero (particella C ferma, velocità = zero). Perciò, la quantità di moto della particella B ha lo stesso valore (misurato) di quella della particella A, e verso opposto (perché le due velocità hanno la stessa direzione ma verso opposto). Conclusione: contrariamente a quanto afferma il principio d'indeterminazione di Heisenberg (che stabilisce che la posizione e la quantità di moto di una particella non possono essere determinate, nello stesso istante, con precisione assoluta), Bob ha determinato, con una precisione assoluta, sia la posizione (*misurata*), sia la quantità di moto (*calcolata*) della particella B. In questo esperimento non c'è alcuna limitazione alla distanza tra le due particelle (A e B) al momento delle misure.

Scriveva Einstein:

"*Sono dunque incline a credere, che la descrizione [della] meccanica quantistica... debba essere considerata come una descrizione incompleta e indiretta della realtà, che sarà sostituita, presto o tardi, da qualcosa di più completo e diretto*".

La risposta di Bohr

Bohr rispose immediatamente alle deduzioni che Einstein aveva fatto dall'esperimento EPR. Egli disse che, poiché le due particelle (A e B), prima di materializzarsi, erano una singola particella (C), tra di esse esisteva una '*correlazione*' (un '*entanglement*', termine introdotto da Schrödinger nel 1935, in una recensione dell'articolo EPR; letteralmente significa: '*intreccio*'). È questa una '*correlazione quantistica* ('*quantum entanglement*', '*intreccio quantistico*'), e non esiste un concetto analogo nella fisica classica; per cui (nel nostro esempio), le due particelle (A e B) sono '*correlate*' ('*entangled*', '*intrecciate*'), e formano un unico sistema quantico, indipendentemente dalla loro distanza reciproca. Quando Alice misura la quantità di moto della particella A, perturba tutto il sistema (A+B) e, di conseguenza, perturba la posizione della particella B. È quindi *impossibile*, per Bob, misurare tale posizione con una precisione assoluta. Il ragionamento di Bohr confermava la validità dell'interpretazione di Copenaghen della meccanica quantistica.

Einstein non accettò mai la spiegazione di Bohr. Derideva la correlazione quantistica come una "*azione fantasma a distanza*". Egli si chiedeva: come può una particella, che si trova in una determinata posizione, essere perturbata da un'altra particella che si trova a una distanza molto grande? Perché ciò accada un segnale istantaneo deve viaggiare da una particella all'altra. Una cosa paradossale, perché, secondo la teoria della relatività ristretta (formulata dallo stesso Einstein nel 1905), nessun segnale può viaggiare nel vuoto a una velocità superiore a quella della luce!

Chi aveva ragione? Bohr o Einstein? L'unica soluzione sarebbe stata quella di eseguire non un 'esperimento mentale', ma un 'esperimento reale', in un laboratorio. Tuttavia, un esperimento reale era così sofisticato che andava oltre le possibilità tecnologiche di quei tempi. Si dovette attendere trent'anni per avere la risposta (Capitolo 6).

———

Per approfondire

L'intreccio quantistico

Esempio classico. Tagliamo in due metà un foglio di carta: una metà è colorata in rosso e l'altra in blu. Inviamo, in buste separate e in modo casuale, una metà del foglio ad Alice e una metà a Bob. Le due buste arrivano allo stesso istante. Alice apre la sua, osserva che la metà del foglio è di colore blu, e deduce all'istante che Bob deve avere ricevuto la metà rossa.

Esempio quantistico. Il foglio è sostituito da un atomo, e le due metà colorate da due fotoni emessi dall'atomo, i cui stati di polarizzazione hanno lo stesso ruolo dei colori. I due fotoni sono intrecciati quantisticamente: essi sono descritti da un unico stato quantico, che rimane indefinito fino all'esecuzione di una misura sullo stato di polarizzazione di uno dei due. All'atto della misura, l'intreccio quantistico è distrutto e, conoscendo la polarizzazione di un fotone, si deduce all'istante quella dell'altro. Questa correlazione tra i risultati si osserva anche se i due fotoni intrecciati sono separati da una grande distanza. [13]

———

Berlino, Oxford, Graz

Quando Schrödinger iniziò le sue lezioni all'università di Berlino, nel novembre 1927, la facoltà di fisica di quell'università era la più importante della Germania. Tra i professori più eminenti troviamo: Planck, Einstein, Max Laue, Walther Nernst, Lise Meitner (la prima donna titolare di una cattedra universitaria in Germania). Schrödinger diventò subito popolare tra gli studenti, per il suo stile di docente informale, semplice e preciso. Erwin e Anny diventarono popolari anche tra i colleghi di Erwin, per i ricevimenti che organizzavano nella casa che avevano affittato nel signorile quartiere Grunewald, lo stesso dove abitava Planck. Nel 1929, Schrödinger fu eletto membro dell'Accademia Prussiana delle Scienze: aveva quarantadue anni, ed era il più giovane scienziato dell'Accademia.

A Berlino, la sua vita sentimentale si arricchì di nuove avventure. Continuò a incontrare Ithi e, dopo la fine della loro relazione, s'innamorò di Hilde, la moglie di Arthur March, un fisico dell'università di Innsbruck (Austria).

Nell'aprile del 1933, Alexander Lindemann, il direttore del dipartimento di fisica dell'università di Oxford (e stretto amico di Winston Churchill), si recò in Germania per organizzare l'espatrio in Inghilterra di giovani scienziati ebrei. Incontrò anche Schrödinger, il quale gli disse che, anche lui, pur non essendo ebreo, era interessato a lasciare la Germania, perché era disgustato dal regime nazista, e dalle leggi contro gli ebrei. Chiese se c'era anche la possibilità di fare espatriare March e sua moglie, dicendo che lui e il fisico austriaco avevano in programma di scrivere un libro. Fu così che, all'inizio di novembre, Erwin, Anny e i due March (Hilde era in stato interessante) arrivarono a Oxford. Pochi giorni dopo il suo arrivo, Schrödinger ricevette l'annuncio che gli era stato conferito il Premio Nobel. E nel mese di maggio dell'anno successivo nasceva Ruth, la figlia di Erwin e Hilde.

Al termine del contratto di due anni, Arthur, Hilde e Ruth ritornarono a Innsbruck, dove Hilde trascorse alcuni mesi in una casa di cura, a causa della vita stressante, come 'seconda moglie' di Erwin, e dell'atmosfera ostile di Oxford. Anny ed Erwin rimasero a Oxford per altri due anni, durante i quali lui ricevette offerte da diverse università (Princeton, Madrid, Edimburgo).

Nel mese di marzo 1935, Schrödinger diede le dimissioni dall'università di Berlino (Hitler gli inviò una lettera di ringraziamento e, poco dopo, fu nominato professore emerito). L'anno successivo ricevette l'offerta di una cattedra dall'università di Graz, in Austria. Era molto attratto dalla possibilità di ritornare nel suo paese d'origine, e di poter essere vicino a Hilde, alla piccola Ruth e a Hansi Bohm, la nuova fiamma, che l'aveva consolato dopo la partenza di Hilde da Oxford (allora, Hansi e il marito Franz vivevano a Londra, ma nel 1936 erano ritornati a Vienna).

Così, nell'estate del 1936, iniziarono per Schrödinger gli anni di Graz. Anny trascorreva la maggior parte del suo tempo a Vienna, dalla madre; Hilde e Ruth abitavano al terzo piano della grande casa che i coniugi Schrödinger avevano affittato a Graz; Arthur March viveva a Innsbruck; Hansi abitava a Vienna, dove Erwin si recava, una volta la settimana, per tenere dei seminari all'università. Un *ménage* perfetto per l'irrequieto Erwin!

Il gatto di Schrödinger

Nel 1935, dopo avere letto il lavoro riguardante l'esperimento EPR, e dopo una fitta corrispondenza con Einstein, Schrödinger pubblicò un articolo, intitolato *'La situazione attuale della meccanica quantistica'*, nel quale appariva la descrizione di un esperimento mentale, che diventerà noto come il *'paradosso del gatto'*. L'esperimento voleva mettere in risalto le difficoltà che si incontrano nell'applicare al mondo in cui viviamo degli oggetti macroscopici i concetti della meccanica quantistica (in particolare, la sovrapposizione degli stati quantici, Capitolo 4), la quale descrive l'invisibile mondo microscopico degli atomi e delle particelle. Si poteva giungere a delle assurdità (*'situazioni burlesche'*, come lo stesso Schrödinger le definì).

Per approfondire

Il gatto quantistico

In un laboratorio ermeticamente chiuso ci sono: un gatto, un atomo radioattivo e un contatore Geiger. Se una radiazione è emessa dall'atomo, ed è registrata dal contatore, un meccanismo libera nel laboratorio il cianuro contenuto in una fiala, e provoca la morte del gatto. Diamo ora una descrizione, secondo l'interpretazione di Copenaghen, di quello che può accadere. La funzione d'onda *psi*, che rappresenta il nucleo dell'atomo radioattivo, determina la probabilità che il nucleo si disintegri in un dato istante. Perciò, dopo un certo tempo (per esempio un'ora), la funzione d'onda determina la probabilità che il nucleo si sia 'disintegrato' (probabilità = 50%) o 'non si sia disintegrato' (probabilità = 50%). Se dopo un'ora il nucleo si è disintegrato, il gatto è morto; se non si è disintegrato il gatto è vivo.

Veniamo ora allo stato quantico del gatto. Esso può essere descritto da una funzione d'onda, ottenuta dall'insieme delle funzioni d'onda che rappresentano ogni singolo atomo di cui è costituito il gatto. Per questo, essendo la funzione d'onda del nucleo radioattivo la sovrapposizione di due stati ('disintegrato', 'non disintegrato'), la funzione d'onda del gatto è anch'essa la sovrapposizione di due stati, e cioè: 'gatto morto', 'gatto vivo'. Risultato paradossale: se dopo un'ora nessuno è entrato nel laboratorio per osservare il gatto, la teoria quantistica lo descrive in uno stato indefinito, ossia, 'morto' e 'vivo' nello stesso tempo.

———

Il 'paradosso del gatto' è stato oggetto di discussioni per circa settant'anni, le quali si possono riassumere nella seguente domanda: come avviene la transizione tra i due mondi, quello microscopico della fisica quantistica e quello macroscopico della fisica classica? Alcuni raffinati esperimenti della fine degli anni Novanta hanno potuto esplorare, per la prima volta, la tenue frontiera che li separa (Capitolo 6).

------ o ------

Aneddoti e frammenti

Heisenberg a Born

"Il fatto che stia per ricevere solo io il Premio Nobel per il lavoro fatto a Gottinga in collaborazione - Lei, Jordan e io - mi rattrista... Credo... che tutti i bravi fisici sappiano quanto grande sia stato il contributo suo e di Jordan all'elaborazione della meccanica quantistica, e questo non cambia a causa di una decisione sbagliata dall'esterno. Tuttavia, non posso fare altro che ringraziarla per la bella collaborazione, ma anche vergognarmi un po'".

(*lettera di Heisenberg a Born*) [14]

Al banchetto Nobel, 1933

"[Dirac] disse che la causa della grande depressione era che la gente preferiva accumulare denaro per l'eternità... Anny pensò che quel discorso era una tirata di propaganda comunista... Heisenberg parlò molto brevemente per ringraziare tutti i presenti per la loro ospitalità. Schrödinger, forse ispirato dallo champagne, fece il discorso più caloroso,... [e terminò con queste parole]: 'Spero di potere venire ancora... e non con... abiti formali ... ma con due lunghi sci sulle spalle... [e] di imparare a conoscere questo paese che mi ha dimostrato così tanta generosità e affetto...' [Seguirono] scroscianti applausi".

(*Walter Moore*) [11]

Planck e il nazismo

"Planck era completamente consacrato alla scienza tedesca, abituato per tutta la vita ad accettare l'autorità dello stato. Pronunciare 'Heil Hitler' era senza dubbio non facile per lui, e nemmeno alzare il braccio per il saluto nazista, ma... credeva che quello che lui chiamava un fenomeno della natura... richiedesse tutto ciò da lui".

(*Fritz Stern*) [15]

Una resistenza straordinaria

"[*Fermi*] *giocava a tennis, sciava, nuotava, andava in montagna... Aveva una resistenza straordinaria che gli permetteva spesso di vincere... avversari tecnicamente più abili col semplice metodo di sfinirli. Sotto il Sole cocente del primo pomeriggio... sfidava a tennis avversari più giovani e più provetti, e dopo un'ora... si meravigliava della loro mancanza di vigore".*

(*Emilio Segrè*) [16]

Mascalzone immorale

"*Subito si venne a sapere che Schrödinger, perennemente dominato da Priapo, dava la caccia con determinazione alla moglie di March. Quando Lindemann, uno scapolo piuttosto puritano, lo scoprì, ne fu scandalizzato.... 'Dobbiamo sbarazzarci di quel mascalzone immorale', diceva ai colleghi".*

(*Walter Gratzer*) [7]

Piuttosto timido

Dirac aveva da poco sposato la sorella del famoso fisico Eugene Wigner. Un giorno, un suo amico, che non sapeva del matrimonio, andò a trovarlo, e lo vide in compagnia di un'attraente signora. "*Come stai?*" chiese l'amico stupito. "*Oh*" esclamò Dirac. "*Scusami, mi sono dimenticato di presentarvi. Questa è... questa è... la sorella di Wigner*".

I risparmi di Einstein

"*La Gestapo inviò ai coniugi Einstein una lista dettagliata dei loro risparmi alla Dresdner Bank,... [e] citando varie leggi e decreti 'in difesa da possibili future attività comuniste che avrebbero potuto danneggiare lo stato', sarebbero stati espropriati in favore dello stato prussiano".*

(*Fritz Stern*) [15]

------ o ------

178

VERSO LA CATASTROFE

Il declino della fisica tedesca

L'impresa etiopica di Mussolini (1935-36); la guerra civile spagnola (1936-39); l'annessione dell'Austria e della regione dei Sudeti alla Germania (1938); il Patto d'acciaio tra Hitler e Mussolini (1939), furono i segni premonitori della catastrofe verso la quale stava precipitando l'Europa.

Nel campo della fisica si assisteva al declino della Germania. La Scuola di Gottinga aveva perso i suoi padri fondatori (Max Born e James Franck). All'università di Monaco, dopo il pensionamento di Sommerfeld (1935), si era scatenata una lotta per la ricerca del suo successore. Sommerfeld aveva proposto Heisenberg, ma il ministro nazista dell'istruzione nominò un fisico sperimentale, il quale non godeva certo del prestigio né di Sommerfeld, né di Heisenberg. Questo fu il commento di un autorevole scienziato:

"[*Tale scelta*] *porterà alla distruzione della tradizione della ricerca di fisica teorica di Monaco*".

A livello nazionale dominavano Johannes Stark e Philipp Lenard, i due ferventi nazisti della prima ora, che già negli anni Venti si erano dichiarati contro la relatività di Einstein e la fisica teorica (definita 'fisica ebraica'). Stark era stato nominato presidente dell'istituto PTR; mentre, Lenard era un consigliere di Hitler, e la guida spirituale della 'fisica ariana'. Pascual, iscritto al partito nazista dal 1933, si era unito alle Sturmabteilung (SA, le Camicie Brune). Sommerfeld, Laue (continuava coraggiosamente a insegnare la relatività di Einstein a Berlino), Heisenberg, e molti altri scienziati, erano additati con il denigrante appellativo di 'ebrei bianchi', perché sostenevano la 'scienza ebraica', nonostante la loro origine ariana.

Un modello per il nucleo

Dalla metà degli anni Trenta, all'istituto di Bohr, a Copenaghen, come in altri centri di ricerca, l'interesse degli scienziati si spostò verso la fisica nucleare, allora in rapida espansione. Bohr propose un modello che paragonava la materia di un nucleo atomico a una goccia di liquido, nella quale protoni e neutroni erano tenuti uniti dalla forza nucleare forte, come le molecole di un liquido sono tenute in contatto dalle forze di coesione. La densità di questo 'liquido nucleare', ovviamente, è enorme: centomila miliardi di volte più grande della densità dell'acqua.

Con il '*modello a goccia*', Bohr riuscì a chiarire molte proprietà dei nuclei atomici, anche se rappresentava un'approssimazione della realtà (una più approfondita descrizione quantistica dei nuclei sarà sviluppata negli anni successivi). Bohr elaborò i dettagli del suo modello, e lo utilizzò per studiare le reazioni nucleari. Presentò il suo lavoro in due articoli, nel 1936 e 1937.

La meccanica quantistica e le stelle

L'energia delle stelle

All'inizio degli anni Trenta, Niels Bohr così esprimeva la sua riluttanza a lavorare nel campo dell'astrofisica (la scienza che studia le proprietà fisiche dei corpi celesti), rivolgendosi al giovane Chandrasekhar:

"*Non posso realmente essere disposto a occuparmi di astrofisica, poiché la prima domanda che mi viene da fare, quando penso al Sole, è: qual è l'origine della sua energia? Se non potete dirmi qual è l'origine dell'energia, come posso credere a tutte le altre cose?*". [17]

Qual è l'origine dell'immensa quantità di energia (400 milioni di miliardi di miliardi di joule) che il Sole emette in ogni secondo, sotto forma di luce, di radiazione termica, e di altre radiazioni? Per lungo tempo questa domanda rimase un mistero. Solo dopo le scoperte della radioattività, e quelle sulla struttura degli atomi e dei nuclei, i fisici riuscirono a identificare l'origine dell'energia solare.

Nella prima metà degli anni Venti, Arthur Eddington (l'astronomo britannico che aveva eseguito le famose osservazioni durante l'eclissi solare del 1919, Capitolo 3) considerò la parte centrale del Sole (il 'nocciolo'), e delle altre stelle, come costituita di un gas a una temperatura estremamente elevata (15-20 milioni di kelvin; a questa temperatura gli atomi sono completamente dissolti in elettroni e nuclei). Nel 1929, l'astronomo britannico Robert Atkinson, e il fisico austriaco Fritz Houtermans, applicarono la teoria quantistica di Gamow dell'effetto tunnel alle reazioni nucleari che, a quelle altissime temperature, si potevano verificare nel nocciolo di una stella. (A quelle temperature, i due nuclei che partecipano alla reazione riescono a penetrare la barriera di energia dovuta alla forza repulsiva elettrica, sono attratti dalla forza nucleare forte, e si fondono in un nucleo più pesante.) Essi dimostrarono che le '*reazioni di fusione*' (detta '*fusione termonucleare*') di nuclei di idrogeno (protoni) con nuclei di altri elementi leggeri, avrebbero potuto liberare quantità di energia sufficienti per spiegare l'irraggiamento solare. A quei tempi, i fisici non avevano a disposizione sufficienti informazioni sulle reazioni nucleari (non era ancora stato scoperto il neutrone). Si dovettero attendere circa dieci anni prima che si potesse giungere a una spiegazione soddisfacente.

Nel 1938, il fisico tedesco Hans Bethe (era diventato professore di fisica alla Cornell University, USA), e un suo collaboratore, Charles Critchfield (allora studente all'università di Washington), combinarono l'effetto tunnel e la teoria quantistica del decadimento beta di Fermi, e proposero l'idea che l'origine dell'energia del Sole consistesse nella fusione di protoni in nuclei di elio, in accordo con la famosa formula di Einstein che esprime la conversione tra la massa e l'energia (la catena di reazioni termonucleari di Bethe e Critchfield è detta '*catena protone-protone*'). Sempre nel 1938, Bethe negli Stati Uniti, e Carl Weizsäcker in Germania, indipendentemente uno dall'altro, scoprirono una differente catena di reazioni di fusione termonucleare (è il cosiddetto 'ciclo CNO', Carbonio-Azoto-Ossigeno). L'anno successivo, Bethe calcolò l'energia prodotta (in ogni secondo) per il ciclo CNO. Egli concluse che la catena protone-protone era la principale sorgente di energia per le stelle con una massa uguale a circa 1,5 volte la massa del Sole; mentre il ciclo CNO dominava nelle stelle con una massa maggiore.

La vita delle stelle

Nello spazio cosmico, le stelle nascono da immense nubi di gas interstellare (principalmente idrogeno), le quali si contraggono sotto l'azione della forza di gravità. Durante questo processo, le particelle del gas si avvicinano, per cui la loro energia gravitazionale diminuisce. Questa diminuzione è bilanciata da un aumento dell'energia cinetica delle stesse particelle; ossia, da un aumento della temperatura del nocciolo della stella. Quando la temperatura ha raggiunto parecchi milioni di kelvin, si innescano le reazioni termonucleari che fondono i nuclei di idrogeno in nuclei di elio, rilasciando una colossale quantità di energia.

A un certo punto, si raggiunge uno stato di equilibrio, nel quale l'energia irradiata dalla stella è bilanciata dall'energia prodotta nelle reazioni nucleari (così che la temperatura si mantiene costante); e la pressione termica e della radiazione (che tende a fare espandere il nocciolo della stella) equilibra la pressione dovuta alla forza di gravità, che tende a fare collassare lo stesso nocciolo verso l'interno. Si ha così una stella stabile, la quale splende nel cielo per miliardi di anni. Quando l'idrogeno e gli altri elementi si sono consumati, la stella evolve in modo drammatico. Avvengono altre reazioni di fusione, e dopo avere consumato tutto il combustibile termonucleare, incomincia la parte finale della sua vita, seguendo due possibili strade.

Nane bianche. Le stelle con una massa paragonabile a quella del Sole espellono i loro strati più esterni, lasciando una piccola stella, con le dimensioni della nostra Terra, denominata 'nana bianca', per la debolissima luce di colore bianco-azzurro che irradia. (La densità di una nana bianca è circa un milione di volte più grande di quella della Terra.) Lo studio più famoso sulle nane bianche fu compiuto, all'inizio degli anni 1930, da un giovane astrofisico indiano, di nome Subrahmanyan Chandrasekhar, il quale era giunto al Trinity College di Cambridge, proveniente dall'università di Madras (India), per conseguire il Ph.D. con Arthur Eddington. Chandrasekhar applicò la statistica di Fermi-Dirac e la relatività ristretta al gas di elettroni all'interno di una stella (gli elettroni occupano la maggior parte di questo volume), e calcolò il valore massimo della massa di una nana bianca stabile (è detta *massa di Chandrasekhar* = 1,46 volte la massa del Sole).

Per saperne di più

La massa di Chandrasekhar

L'idea di Chandrasekhar è questa: quando una stella si contrae, e diventa sempre più piccola, la densità del suo nocciolo aumenta, perché diminuiscono le distanze tra le particelle del gas di cui è composta. Tuttavia, il principio di esclusione di Pauli impedisce che queste particelle (fermioni di *spin* 1/2) si trovino nello stesso stato quantico. Devono quindi avere velocità differenti. Il gas diventa così un 'gas di Fermi degenere', la cui pressione è molto più grande di quella di un gas classico, che abbia la stessa temperatura e la stessa densità. In una nana bianca c'è un gas degenere di elettroni, la cui pressione bilancia quella dovuta alla forza di gravità degli strati esterni, e impedisce alla stella di continuare a contrarsi. Chandrasekhar dimostrò che esiste una pressione massima, che un gas degenere non può superare; ossia, esiste una massa limite oltre la quale la pressione degli elettroni non può più bilanciare la pressione dovuta alla forza di gravità. (Sembra che il diciannovenne Chandrasekhar abbia avuto questa brillante idea quantistica mentre era sul piroscafo *Lloyd Triestino* che lo portava da Bombay in Europa.)

Supernove e stelle di neutroni. Quando la massa di una stella che si sta contraendo è maggiore della massa limite di Chandrasekhar, la stella non raggiunge la situazione di equilibrio di una nana bianca: la temperatura della sua parte centrale aumenta, e le reazioni termonucleari continuano, fino a produrre nuclei di ferro. A questo punto inizia l'agonia della stella, la quale improvvisamente collassa con una titanica esplosione, che lancia nello spazio i suoi strati esterni. È detta esplosione di *supernova*, e la parte centrale della stella si riduce a una '*stella di neutroni*'.

Il primo a proporre le esplosioni di supernove e la formazione di stelle di neutroni fu il fisico svizzero (emigrato negli Stati Uniti) Fritz Zwicky, in un articolo scritto in collaborazione con l'americano Walter Baade, e pubblicato nel 1934 (il neutrone era stato scoperto nel 1932). Il valore massimo che può avere la massa di una stella di neutroni fu calcolato da Lev Landau, nel 1938, e in modo più dettagliato da Robert Oppenheimer e George Volkoff, nello stesso anno. (Una stella di neutroni ha una densità che è cento miliardi di volte più grande di quella di una nana bianca.) [18]

Buchi neri. In un articolo del 1932, Landau prese in considerazione un'altra possibilità estrema; quella che una stella possa subire un collasso gravitazionale continuo, che tende a concentrare la materia in un singolo punto, di densità infinita [19]. Nel 1938, Oppenheimer e Hartland Snyder analizzarono in modo dettagliato la possibilità indicata da Landau, e descrissero molte delle caratteristiche degli oggetti stellari che oggi sono denominati '*buchi neri*'.

Così, negli anni Trenta, i fisici utilizzarono la meccanica quantistica per prevedere le caratteristiche di oggetti cosmici, i quali diventeranno una realtà dopo la seconda guerra mondiale, quando si avranno a disposizione le moderne tecnologie per l'esplorazione del cosmo.

Chi era Robert Oppenheimer?

Robert Julius Oppenheimer era nato a New York City nel 1904, da un ricco importatore di tessuti ebreo e da una pittrice. I suoi interessi, durante le scuole superiori, erano rivolti principalmente alla letteratura francese e inglese, e alla mineralogia. All'età di ventun anni si laureò in fisica all'università di Harvard, e subito dopo partì per l'Europa, per andare a studiare a Cambridge, al Cavendish Laboratory. Nel 1926 lasciò il Cavendish per trasferirsi all'università di Gottinga, dove studiò e collaborò con Max Born. Nel marzo 1927 ottenne il dottorato (dopo l'esame orale, James Franck disse a Born: "*Sono felice che sia finito. Era giunto al punto di interrogare me!*"). Durante i due anni trascorsi a Gottinga, Oppenheimer pubblicò una dozzina di articoli, riguardanti soprattutto la meccanica quantistica.

Dopo il dottorato ritornò negli Stati Uniti, vinse una borsa di studio, grazie alla quale lavorò per un anno al Caltech e all'università di Harvard. Nell'autunno del 1928 andò di nuovo in Europa, prima a Leida da Ehrenfest, poi a Zurigo da Pauli. Ritornato in patria, accettò l'incarico di professore associato all'università della California, a Berkeley. Ricorderà:

"*Quando visitai Berkeley... pensai che mi sarebbe piaciuto andare lì. Era un deserto... poiché non esisteva la fisica teorica, e pensai che sarebbe stato interessante cominciare a impostare qualcosa*".

In quel periodo gli fu diagnosticata una leggera forma di tubercolosi. Andò in un *ranch* nel New Mexico per guarire dalla malattia (da allora usava dire che "*la fisica e la campagna deserta*" erano i suoi "*due grandi amori*"). Finalmente, nel 1936, fu nominato 'full professor' all'università di Berkeley. Qui insegnò e formò una schiera di giovani fisici, che lo ammiravano per le sue capacità intellettuali e i sui vasti interessi scientifici.

Robert Oppenheimer era alto più di un metro e ottanta, magrissimo, un po' curvo; fumava incessantemente sigarette o la pipa; si dimenticava di mangiare quando era concentrato su un problema di fisica; durante i seminari era il primo a intervenire nella discussione, e a monopolizzarla. Molti dei suoi amici pensavano che avesse tendenze autodistruttrici (per tutta la sua vita, in effetti, fu soggetto a forti depressioni). Una volta disse a un amico: "*Ho bisogno della fisica più che degli amici*".

Era affascinante e magnetico nei contatti personali; freddo e distaccato in pubblico. Molti lo consideravano un genio solitario e un esteta; altri un attore vanitoso e insicuro. Oppie (così lo chiamavano amici e studenti) era senza dubbio un docente eccezionale. I suoi studenti ne erano affascinati: imitavano il suo modo di parlare, di camminare, di vestire, di gesticolare, e tutte le sue bizzarre manie.

Nel 1937 morì suo padre, e Oppie ereditò una fortuna (la sua famiglia di origine possedeva un'importante collezione d'arte, che includeva tre Van Gogh). Nel 1940 sposò Katherine (Kitty) Harrison, una biologa divorziata (il suo secondo marito era stato un comunista, ucciso durante la guerra civile spagnola). Oppie e Kitty ebbero due figli, Peter e Katherine (Toni).

Tre fughe segrete

Il 12 marzo 1938, Hitler annunciò l'annessione ('*Anschluss*') dell'Austria alla Germania nazista. L'Austria divenne una provincia tedesca, e di conseguenza, i suoi cittadini ebrei furono soggetti alle leggi razziali tedesche (le cosiddette 'leggi di Norimberga', del settembre 1935).

'*La nostra Madame Curie*'

Lise Meitner era nata nel 1878 a Vienna, in una famiglia ebrea dell'alta borghesia (suo padre era uno dei più noti avvocati della città). Nel 1901, Lise conseguì la maturità come privatista (a quei tempi, le ragazze non erano ammesse alle scuole superiori). In seguito, frequentò l'università di Vienna, dove, nel 1905, conseguì il dottorato in fisica (la seconda donna di tutta l'Austria). Con il supporto finanziario del padre, Lise andò a Berlino, a seguire le lezioni di Planck, e dopo un anno divenne sua assistente. Nel frattempo aveva iniziato la sua attività di ricerca, nel campo della radioattività, collaborando con il famoso radiochimico Otto Hahn. Nel 1912, il gruppo di Hahn si trasferì nel nuovo istituto di chimica Kaiser Wilhelm, e Lise fu finalmente assunta come ricercatrice, con uno stipendio sicuro. Nel 1917, Hahn e Meitner annunciarono la scoperta di un nuovo elemento radioattivo (il protoattinio). Nello stesso anno fu istituito il laboratorio di fisica dell'istituto, la cui direzione fu affidata a Lise. Nel 1926 fu nominata professore di fisica nucleare dell'università di Berlino.

Nel 1938, quando l'Austria fu annessa al Terzo Reich, Lise aveva sessant'anni, ed era considerata uno dei migliori esperti di fisica nucleare che esistessero al mondo (Einstein la indicava come '*la nostra Madame Curie*'). Non essendo più cittadina austriaca, e appartenendo alla nazione tedesca, fu considerata 'ebrea', nonostante si fosse convertita alla religione protestante, sin dal lontano 1908. La situazione divenne critica per lei: uno sconosciuto e invidioso ricercatore del Kaiser Wilhelm, fervido attivista nazista, scatenò una campagna denigratoria per farla allontanare dall'istituto. Hahn andò dal direttore e si sentì dire che doveva licenziarla. Dopo trent'anni di amicizia e leale collaborazione, Hahn fu obbligato ad allontanarla dall'istituto. "*Hahn dice che non devo più andare... Egli mi ha... buttata fuori*", Lise scrisse nel suo diario.

Ormai la sua vita era in pericolo. Fu allora chiaro che doveva abbandonare la Germania il più presto possibile. La sua fuga fu segretamente organizzata da Niels Bohr (lo stesso Hahn ne rimase all'oscuro fino all'ultimo giorno). Dirk Coster, il fisico olandese che aveva lavorato all'istituto di Bohr (aveva partecipato alla scoperta dell'elemento *hafnio* nel 1922, Capitolo 3) organizzò l'espatrio dalla Germania all'Olanda. Il 13 luglio 1938, Lise partì da Berlino, accompagnata da Coster. Dopo un avventuroso viaggio in treno, con dieci marchi, due valigie, e un passaporto con un visto non valido, arrivò a Groningen, in Olanda.

Da Groningen si trasferì a Copenaghen, ospite della famiglia Bohr. Finalmente, all'inizio di agosto, arrivò in Svezia, ricevuta da amici, con i quali trascorse alcune settimane di vacanza. Iniziò così la nuova fase della vita di Lise, e la sua attività scientifica all'Istituto Nobel di Stoccolma.

Le peripezie di Erwin e Anny

L'anno 1937, trascorso tra Graz e Vienna, fu un anno felice per Schrödinger. Lezioni e seminari; discussioni con amici nel suo appartamento di Vienna; ricevimenti sulle rive del Danubio durante l'estate. A Graz c'era Hilde, e a Vienna c'era Hansi. Come molti altri austriaci, non sapeva (o non voleva sapere) che era sull'orlo di un vulcano! Arrivò presto il marzo 1938, con l'*Anschluss*. Ci furono repressioni brutali di ebrei, intellettuali, aderenti ai partiti di sinistra. In pochi giorni, si contarono più di settantamila arresti nella sola città di Vienna, e migliaia di funzionari e impiegati furono allontanati dalla pubblica amministrazione.

All'università di Graz fu nominato un nuovo rettore nazista. Schrödinger, il cui improvviso abbandono dell'università di Berlino, nel 1933, non era stato dimenticato, fu consigliato di dichiararsi pentito per le sue posizioni di allora contro il nazismo. Egli, che non aveva scrupoli morali per ciò che riguardava la sua vita privata, scrisse una lettera aperta al senato dell'università. In essa esprimeva il pentimento per i suoi errori del passato, esultava per l'unione del suo amato paese con la Germania, e auspicava la sottomissione di tutti gli austriaci ai voleri del Führer. La lettera fu pubblicata sui giornali austriaci e tedeschi, e fu immediatamente sfruttata dalla propaganda nazista. I suoi amici e colleghi, in tutto il mondo, rimasero attoniti.

Ma i nazisti dubitarono della sincerità di Schrödinger: nel mese di aprile fu obbligato a dimettersi da professore onorario dell'università di Vienna, e in agosto dall'università di Graz. Quando gli fu annunciato che non avrebbe potuto abbandonare il paese, decise di fuggire. Erwin e Anny riempirono in fretta le valigie con gli abiti, e lasciarono dietro di loro tutto il resto (compreso il denaro e la medaglia del Premio Nobel). Il 14 settembre, con in tasca i passaporti e pochi spiccioli, presero il treno per Roma. Giunti a Roma, si misero in contatto con Enrico Fermi, il quale prestò loro dei soldi e saldò il conto dell'albergo. Essendo un membro della Pontificia Accademia delle Scienze, Erwin riuscì a spedire dal Vaticano una lettera a Éamon de Valera, il capo del governo dell'Irlanda, il quale si trovava a Ginevra, come presidente della Lega delle Nazioni.

De Valera voleva creare a Dublino un istituto per gli studi avanzati di matematica e fisica e, venuto a conoscenza della precaria posizione di Schrödinger in Austria, gli aveva offerto un posto a Dublino. Dopo un paio di giorni, e una telefonata di De Valera, con due biglietti di prima classe ricevuti dall'Ambasciata d'Irlanda, Erwin e Anny lasciarono Roma e raggiunsero prima Ginevra, e poi Oxford, dove si fermarono due mesi. Il trasferimento a Dublino non era però immediato. Nel frattempo giunse un'offerta dall'università di Gand, in Belgio, per un solo anno accademico. Schrödinger l'accettò al volo, e verso la metà del mese di dicembre 1938 i due coniugi approdarono a Gand.

Da Roma a New York

Anche in Italia la situazione era peggiorata. Il regime fascista stava sempre più scivolando verso l'orbita tedesca. Nel 1938, Mussolini promulgò le leggi razziali che colpivano gli ebrei, e che erano state prevalentemente copiate dalle leggi tedesche di Norimberga.

La famiglia di Fermi era direttamente colpita dalle leggi razziali, perché sua moglie, Laura, era ebrea. Fermi decise quindi di lasciare l'Italia. Fece sapere alle università americane, che aveva visitato negli anni precedenti, che desiderava trascorrere un periodo di tempo in America. Ricevette molte offerte, e scelse la Columbia University di New York. Nel mese di settembre 1938, partecipò al convegno annuale all'istituto di Bohr (era stato rinviato, e sarà uno degli ultimi convegni, al quale nessun fisico tedesco partecipò). Bohr gli disse, in via strettamente confidenziale, che a Stoccolma avevano preso in considerazione la sua candidatura per il Premio Nobel. Infatti, il 10 novembre

1938 giunse a Roma la telefonata con la notizia che gli era stato conferito il Nobel per la fisica (per le sue scoperte sulla radioattività artificiale, e sulle proprietà dei neutroni lenti). Il 6 dicembre la famiglia Fermi (Enrico, Laura, i figli Nella e Giulio) partirono in treno da Roma, per raggiungere Stoccolma.

Dopo le cerimonie Nobel, i Fermi trascorsero alcuni giorni a Copenaghen, ospiti della famiglia Bohr. Il 24 dicembre si imbarcarono sul piroscafo *Franconia*, a Southampton, e dopo nove giorni sbarcarono a New York. Ad attenderli c'erano George Pegram, il direttore del dipartimento di fisica della Columbia University, e Gabriel Giannini, un uomo d'affari italo-americano, che si era laureato a Roma con Fermi nel 1929. All'arrivo, Enrico disse a Laura: *"Abbiamo fondato il ramo americano della famiglia Fermi"*.

Dicembre 1938: la fissione nucleare

I protagonisti. Otto Hahn, il più famoso radiochimico di quei tempi. Fritz Strassmann, chimico, collaboratore di Hahn. Lise Meitner, la scienziata austriaca, fuggita in Svezia. Otto Frisch, fisico austriaco, nipote di Lise.

I luoghi. Istituto di chimica Kaiser Wilhelm, Berlino. Kungälv, vicino a Göteborg, Svezia. Istituto di Bohr, Copenaghen.

La scoperta

Nel 1934, Fermi e i suoi giovani collaboratori avevano prodotto nuovi isotopi radioattivi, bombardando diversi elementi chimici con neutroni. Tra i prodotti ottenuti con il bombardamento dell'uranio, c'erano degli elementi che sembravano avere un numero atomico più grande di quello dell'uranio stesso. Otto Hahn e Lise Meitner, con la collaborazione del giovane Strassmann, iniziarono subito a indagare sul nuovo fenomeno scoperto a Roma. In un primo tempo, i loro risultati sembravano confermare la presenza di elementi 'transuranici' tra i prodotti delle reazioni nucleari. Tuttavia, proseguendo gli esperimenti, la questione diventava sempre più ingarbugliata.

Dopo la fuga della Meitner, Hahn e Strassmann continuarono la ricerca, cercando di identificare i nuovi elementi, e durante l'autunno 1938 ottennero un risultato sorprendente: tra i prodotti del bombardamento dell'uranio con neutroni era presente l'elemento radioattivo bario (elemento più leggero dell'uranio). In dicembre, Hahn scrisse a Lise una lettera, nella quale descriveva gli esperimenti eseguiti a Berlino, e i risultati ottenuti. Così il nipote Otto Frisch descrisse, molti anni dopo, l'incontro con zia Lise.

"Ero venuto per farle visita per il Natale. La incontrai in un... hotel di Kungälv, vicino a Göteborg, mentre faceva colazione, e rimuginava su una lettera di Hahn... [Dopo colazione] camminammo su e giù sulla neve... e gradualmente l'idea prese forma...". [20]

Lise e Otto avevano capito che nell'esperimento di Hann il nucleo di uranio si era scisso in frammenti, e a questo nuovo fenomeno nucleare assegnarono il nome di 'fissione'. Utilizzarono quindi il modello del nucleo proposto da Bohr, e calcolarono l'energia prodotta nella fissione, la quale risultò avere un valore dieci volte più grande dell'energia prodotta in ogni altra reazione nucleare. All'inizio di gennaio, Frisch ritornò a Copenaghen, e raccontò a Bohr la notizia della scoperta di Hahn, e l'interpretazione teorica che lui e Lise avevano elaborato (ricorderà che Bohr disse: "Che stupidi siamo stati. Dovevamo capirlo prima!"). Il 13 gennaio 1939, Frisch eseguì un esperimento nel laboratorio dell'istituto di Bohr, e osservò chiaramente la forte ionizzazione prodotta dai frammenti della fissione nucleare, confermando così, con un esperimento di fisica, i risultati di Berlino.

L'articolo di Hahn e Strassmann, nel quale annunciavano la loro scoperta, fu ricevuto dalla rivista *Die Naturwissenschaften* il 22 dicembre 1938 (pubblicato il 6 gennaio 1939). Meitner e Frisch spiegarono la fissione nucleare dell'uranio in un articolo, ricevuto dalla rivista *Nature* il

16 gennaio, e pubblicato l'11 febbraio 1939.

Stati Uniti, 1939

Il 16 gennaio 1939, Niels Bohr arrivò a Princeton, dove, in una conferenza, annunciò la scoperta della fissione dell'uranio. La notizia fu trasmessa a Fermi, alla Columbia University. Qui, i suoi collaboratori ripeterono l'esperimento di Frisch, e confermarono i risultati, che Fermi presentò, alla fine di gennaio durante un'altra conferenza, a Washington D.C. Nel mese di marzo, altri esperimenti furono eseguiti da Joliot a Parigi, da Fermi, e da Leó Szilárd, entrambi alla Columbia University, i quali dimostravano che nelle reazioni di fissione erano emessi dei neutroni, i quali potevano essere utilizzati per provocare altre reazioni. Nei mesi successivi, Bohr utilizzò il suo modello del nucleo, e insieme al giovane fisico americano John Wheeler (un suo ex allievo di Copenaghen), formulò la teoria della fissione nucleare, che fu pubblicata sulla rivista *Physical Review* nel mese di settembre.

Da questo susseguirsi galoppante di scoperte, i fisici pensarono che si potessero realizzare delle reazioni nucleari a catena, con la liberazione di enormi quantità di energia, e che queste reazioni potessero essere sfruttate per costruire un reattore o una bomba. Nell'agosto 1939, Wigner e Szilárd convinsero Einstein a scrivere una lettera al presidente Roosevelt, nella quale erano messe in risalto le potenzialità della fissione nucleare.

Il primo settembre 1939 l'esercito di Hitler invadeva la Polonia. Due giorni dopo la Gran Bretagna e la Francia dichiaravano guerra alla Germania.

Era l'inizio della seconda guerra mondiale.

------ o ------

I rifugiati

Max Born fu obbligato a lasciare la Germania nel 1933. Dapprima andò a Cambridge, al Cavendish Laboratory, poi, per un anno, all'Istituto di Scienze a Bangalore, in India. Gli fu poi offerto un posto di professore di filosofia naturale a Edimburgo, in Scozia.

Otto Stern si dimise da professore dell'università di Amburgo nel 1933. Emigrò negli Stati Uniti, dove divenne professore all'Istituto di Tecnologia Carnegie, a Pittsburgh, Pennsylvania.

James Franck si dimise dall'università di Gottinga, insieme a Born. Andò prima a Copenaghen da Bohr. Nel 1935 emigrò negli Stati Uniti, e fu nominato professore alla Johns Hopkins University, Baltimora. Nel 1938 divenne professore di fisica chimica all'università di Chicago. Durante la seconda guerra mondiale partecipò al Progetto Manhattan.

Emilio Segrè era nato in una famiglia di origine ebraica. Era uno dei 'ragazzi di via Panisperna'. Nel 1936 era diventato professore all'università di Palermo. Quando, due anni dopo, in Italia furono promulgate le leggi razziali, Segrè si trovava negli USA, all'università di Berkeley. Decise di non ritornare in Italia, e rimase negli Stati Uniti per tutta la vita. Partecipò anche lui al Progetto Manhattan.

Fritz London, nel 1933, fu allontanato dall'università di Berlino (era un professore associato), a causa della sua origine ebraica. Emigrò prima in Inghilterra, poi in Francia e, nel 1939, negli Stati Uniti.

Hans Bethe era stato educato secondo la religione protestante, la religione di suo padre. Ma la madre era ebrea e, nel 1933, dovette lasciare la Germania. Emigrò negli Stati Uniti, alla Cornell University. Partecipò al Progetto Manhattan come direttore della sezione di fisica teorica.

Leó Szilárd era diventato libero docente all'università di

Berlino nel 1927 (aveva lavorato con Max Laue ed Einstein). Nel 1933 lasciò la Germania, a causa della sua origine ebraica. Nel 1934 si trasferì all'università di Manchester (Inghilterra). e nel 1938 negli Stati Uniti, alla Columbia University di New York.

Otto Frisch era il nipote di Lise Meitner. Anche lui austriaco, nel 1933 era ad Amburgo, collaboratore di Otto Stern. Con la promulgazione delle prime leggi razziali, decise di trasferirsi in Inghilterra, e in seguito a Copenaghen, nell'istituto di Niels Bohr, dove rimase fino al 1939. Partecipò al Progetto Manhattan insieme con altri scienziati inglesi.

Victor Weisskopf divenne assistente di Pauli nell'autunno del 1933, e rimase a Zurigo fino alla primavera del 1936. In seguito si trasferì da Bohr a Copenaghen. Quando, nella Germania nazista, la persecuzione degli ebrei divenne sempre più opprimente, Weisskopf decise di emigrare, e con l'appoggio di Bohr, gli fu offerto un posto di docente all'università di Rochester, negli Stati Uniti, dove si trasferì definitivamente, con la moglie, nel 1937. Partecipò anche lui al Progetto Manhattan, e dopo la guerra si trasferì al MIT di Boston.

Felix Bloch era assistente di Heisenberg a Lipsia. Lasciò la Germania nel 1933, e non fece più ritorno (essendo un ebreo svizzero che risiedeva in Germania, le autorità naziste l'avevano inserito nella lista degli studiosi 'da rimuovere'). Si traferì, con una borsa di studio, prima all'università di Roma, da Fermi, e dopo all'università di Stanford (California), dove fu nominato professore di fisica teorica. Partecipò alle prime fasi del Progetto Manhattan, e poco dopo al 'Progetto Radar' alla Harvard University.

Aneddoti e frammenti

Ottobre 1937

"*Durante una conferenza commemorativa di Galvani a Bologna, giunsero voci che Rutherford era seriamente malato, a causa di un'ernia. Il 19 ottobre 1937 morì. La notizia fu annunciata, durante la conferenza, da Bohr, con la voce rotta dal pianto*".

(*Emilio Segrè*)

Incredibile

"[*Un*] *collega di Oppenheimer al Caltech una volta disse*: '*L'uomo era incredibile! Aveva sempre pronta la risposta giusta, prima ancora che l'interlocutore formulasse la domanda*' ".

(*Hans Bethe*)

Einstein a Roosevelt

"*Alcuni recenti lavori di E. Fermi e L. Szilárd... mi portano a credere che l'elemento uranio possa essere trasformato, nell'immediato futuro, in una nuova e importante sorgente di energia... Durante gli ultimi quattro mesi si è dimostrato probabile - attraverso i lavori di Joliot in Francia e di Fermi e Szilárd in America - che si possa realizzare una reazione nucleare a catena... Questo nuovo fenomeno potrebbe portare alla costruzione di bombe, ed è concepibile... che si possano costruire potenti bombe di un nuovo tipo*".

(*dalla lettera dell'agosto 1939*) [21]

Enrico Fermi

"*Non un filosofo. Passione per la chiarezza. Egli era semplicemente incapace di lasciare che le cose rimanessero nebulose. Poiché* [*le cose*] *sono sempre* [*nebulose*], *era in continuazione piuttosto attivo*".

(*Robert Oppenheimer*)

Oppenheimer

"*Durante un viaggio in treno da San Francisco alla costa dell'Est, lesse i sette volumi de 'La Storia del Declino e Caduta dell'Impero Romano' di Edward Gibbon. Durante un altro viaggio lesse i quattro volumi de 'Il Capitale' di Karl Marx, scritti in tedesco*".

"*Occhi blu, capelli fitti e crespi,... egli aveva un viso mobile ed espressivo... Era molto attivo durante i ricevimenti, sempre al centro dell'attenzione. Come ospite era molto cortese, e preparava degli eccellenti e forti martini. Di lui si raccontavano molte storie divertenti*".

(*The New York Times, 19 febbraio 1967*)

Le dimissioni di James Franck

"*Il 17 aprile 1933, James Franck fu il primo accademico tedesco a dimettersi... Essendo un veterano della [prima] guerra [mondiale] non era colpito dalle leggi razziali, ma egli scelse di rischiare la sua carriera e la sua sicurezza personale... per non costringere i suoi colleghi e i suoi studenti ebrei a dimettersi*".

(*National Academy of Science, USA*) [22]

Erwin e Anny a Roma

"*Quando i [coniugi] Schrödinger arrivarono a Roma, Erwin dovette chiedere al tassista di pagare il facchino che aveva portato i loro bagagli dal treno, poi chiese al portiere dell'albergo di pagare il tassista, dopo averlo convinto che lui era veramente un famoso scienziato e un amico del noto fisico italiano Enrico Fermi... Egli allora disse alla reception che il professor Fermi avrebbe saldato il loro conto*".

(*John Gribbin*) [23]

------ o ------

6

ACCADDE DOPO …

PERSONAGGI

Tragedie di una vita

Max Planck era un uomo di profonde convinzioni filosofiche e religiose. Sopportò con stoicismo e grande forza
morale le numerose tragedie che lo colpirono durante la
sua lunga vita. Alle tragedie dei lontani anni della Grande
Guerra (Capitolo 3) si aggiunsero quelle dei successivi anni Quaranta.

Suo figlio Erwin fu accusato di avere partecipato al com-
plotto contro Hitler del 20 luglio 1944; fu torturato dalla
Gestapo, e giustiziato nel gennaio 1945. (Planck scrisse a
Sommerfeld di avere perso il suo più caro amico, e di non
avere più alcuna voglia di vivere.) Nel 1944, la sua villa,
nel quartiere Grunewald, fu distrutta durante i bombar-
damenti degli alleati su Berlino. Planck, la sua seconda
moglie e il figlio Hermann, si erano rifugiati a Rogätz, un
villaggio vicino a Magdeburgo, nella casa di campagna di
amici. Qui, nel maggio 1945, furono liberati dai soldati
americani, e si trasferirono a Gottinga, dove furono accolti
da un loro parente. Nell'ultimo anno di vita (1947), Planck

abbandonò ogni attività, dicendo: *"Non posso più essere scientificamente produttivo, all'età di 89 anni"*.

Conversando con Gödel

Einstein visse a Princeton l'ultima parte della sua vita (ventun anni, dal 1934 al 1955). Durante i lunghi anni di Princeton, adottò un look eccentrico: portava abiti e cappotti piuttosto spiegazzati, aveva capelli lunghi e incolti. Era isolato dalla fisica contemporanea, la quale era indirizzata verso nuovi territori. Lui continuava a inseguire la chimera di una teoria che spiegasse la gravitazione e l'elettromagnetismo (mentre salivano alla ribalta le altre due forze fondamentali della natura: la forza nucleare debole e la forza nucleare forte); e a cercare di dimostrare che la meccanica quantistica era una teoria incompleta. Dopo la seconda guerra mondiale, divenne una delle principali personalità dei movimenti pacifisti, e collaborò con Chaim Weizmann (il primo presidente dello Stato di Israele) per l'istituzione dell'Università Ebraica di Gerusalemme.

A Princeton, Einstein strinse amicizia con l'austriaco Kurt Gödel, il più grande esperto di logica matematica esistente (anche lui era uno scienziato dell'Institute for Advanced Study). I loro temperamenti erano molto diversi. Einstein era socievole e allegro. Gödel era un solitario e pessimista. Einstein era un appassionato suonatore di violino, e amava Bach e Mozart. Gödel amava i film di Walt Disney (il suo preferito era 'Biancaneve e i sette nani'). Facevano lunghe passeggiate, e amavano discutere nella loro lingua madre (il tedesco). Erano uniti da un senso d'isolamento intellettuale, e trovavano sollievo nella loro amicizia.

Zio Nick

Quando i tedeschi occuparono la Danimarca, nel 1940, la vita per Niels Bohr e la sua famiglia divenne difficile, perché sua madre era ebrea. Nel settembre del 1943, Hitler ordinò di deportare alcune migliaia di ebrei dalla Danimarca, e Bohr apprese dal movimento clandestino danese che anche lui era nella lista della Gestapo. Insieme alla famiglia attraversarono lo stretto di Sund, su due barche di pescatori, e sbarcarono in Svezia. La moglie Margrethe e il resto della famiglia rimasero a Stoccolma, fino alla fine della guerra; mentre Niels, nella notte tra il 5 e il 6 ottobre 1943, fu prelevato dagli agenti dell'intelligence britannica, e trasportato con un aereo in Inghilterra. Una settimana dopo il suo arrivo a Londra, il figlio Aage lo raggiunse e, nel mese di novembre, i due Bohr, padre e figlio, si imbarcarono sul piroscafo *Aquitania* per New York. Giunti negli Stati Uniti, andarono a Los Alamos, dove Niels collaborò al Progetto Manhattan, con il nome in codice di Nicholas Baker (affettuosamente, 'Zio Nick'); il figlio lo seguiva come segretario, con il nome di Jim Baker.

Ritornato a Copenaghen nel 1945, Bohr contribuì a diffondere l'applicazione pacifica dell'energia nucleare. Fu uno dei fondatori del CERN di Ginevra (Svizzera), il laboratorio internazionale per la fisica delle particelle.

Che cosa disse a Bohr?

Allo scoppio della seconda guerra mondiale, Werner Heisenberg fu nominato direttore dell'istituto di fisica Kaiser Wilhelm di Berlino. Insieme con Otto Hahn, e altri scienziati, iniziò a investigare sulla possibilità di sfruttare a scopi bellici la fissione nucleare. Nel mese di settembre 1941, Heisenberg andò a Copenaghen, come rappresentante dell'ufficio della propaganda tedesca, e incontrò il suo vecchio maestro Niels Bohr. Che cosa Heisenberg tentò di dire a Bohr durante il loro incontro? L'argomento è stato dibattuto dagli storici della scienza fino ai giorni nostri. Sembra che Heisenberg volesse informare Bohr dell'esistenza di un progetto tedesco per la costruzione di una bomba nucleare, e della sua partecipazione all'impresa. [1]

Nel maggio 1945, subito dopo la disfatta della Germania, Heisenberg fu arrestato dagli agenti della missione segreta

Alsos, che seguivano l'esercito alleato (americani e britannici) in Europa. Uno dei principali collaboratori della missione era il fisico olandese, naturalizzato statunitense, Samuel Goudsmit (uno dei due fisici che proposero lo *spin* dell'elettrone, Capitolo 4). Heisenberg fu internato per otto mesi a Farm Hall, una villa presso Cambridge, con altri scienziati tedeschi (tra i quali: Otto Hahn, Max Laue, Walther Gerlach). [2]

Ritornò in Germania nel 1946, e divenne direttore dell'istituto di fisica di Gottinga, che prese il nome di 'Istituto Max Planck'. Quando l'istituto fu trasferito a Monaco, nel 1958, Heisenberg ritornò nella città della sua giovinezza, e continuò a esercitare la direzione dell'istituto fino al 1970, sei anni prima della sua scomparsa.

Manci non ama Cambridge

La vita del timido Dirac cambiò completamente durante il 1934, l'anno sabbatico che trascorse a Princeton. Una sera, in un ristorante, Margit Wigner e suo fratello Eugene (il noto fisico nucleare ungherese) stavano cenando. Manci (questo era il nome con il quale gli amici e i famigliari chiamavano Margit) notò un uomo dall'aspetto solitario che sedeva a un tavolo vicino al loro. Eugene le spiegò che era Paul Dirac, il famoso fisico teorico, che l'anno precedente aveva vinto il Nobel.

I due si conobbero e simpatizzarono. Tra loro nacque un tenero amore, e nel gennaio 1937 si sposarono. Manci dovette rimanere per un po' di tempo a Budapest, e così Dirac cominciò a scriverle, da Cambridge, le prime lettere d'amore della sua vita. Si rivelò un padre affettuoso, sia con i due figli che Manci aveva avuti da un precedente matrimonio, sia con le loro due figlie, Mary e Monica.

Durante la seconda guerra mondiale, Dirac collaborò marginalmente al Progetto Manhattan, e negli anni Sessanta elaborò un modello quantistico delle vibrazioni di una membrana che si rivelerà molto utile per le moderne teorie delle superstringhe. Nel frattempo, Manci, che non amava vivere a Cambridge, lo convinse a emigrare negli Stati Uniti. Nel 1971 si trasferirono definitivamente in Florida, dove Dirac insegnò all'università di Miami e alla Florida State University di Tallahassee.

Finalmente!

Nel 1933, quando fu annunciato che il Nobel 1932 era stato conferito a Heisenberg, Max Born era a Cambridge, emigrato dalla Germania nazista. Rimase molto deluso dalla notizia, perché lui e Pascual Jordan avevano dato un contributo importante alla creazione della meccanica delle matrici (Capitolo 4). Born, che era un uomo timido e riservato, espresse con discrezione la sua amarezza. Scrisse a Einstein: *"Il fatto che io non avessi ricevuto il Premio Nobel 1932 insieme con Heisenberg mi ferì profondamente, nonostante la gentile lettera di Heisenberg"*. (Il Comitato Nobel ritenne opportuno escludere Born e Jordan, perché quest'ultimo era diventato un fervente sostenitore di Hitler?)

A Edimburgo, Born trascorse sedici anni (dal 1936 al 1952) della sua lunga vita, insieme alla moglie Hedi e ai figli. (Il legame tra Max e Hedi fu molto travagliato, a causa delle continue infedeltà di Hedi.) Continuò le sue ricerche nel campo della fisica atomica, insieme ai suoi assistenti, uno dei quali era il tedesco Klaus Fuchs. (Fuchs era un comunista, fuggito dalla Germania nazista, e accolto in Inghilterra. Nel 1941 partecipò al progetto inglese per la costruzione della bomba atomica, e in seguito al Progetto Manhattan, negli USA. Diventò una spia dell'Unione Sovietica, e nel 1950 fu condannato a quattordici anni di prigione.)

Nel 1954, Max e Hedi ritornarono in Germania, a Bad Pyrmont, non lontano da Gottinga. Nel mese di ottobre giunse la notizia che l'Accademia Svedese delle Scienze aveva conferito a Born il Premio Nobel per la fisica (insieme a Walther Bothe), con la seguente motivazione:

"Per le sue ricerche fondamentali sulla meccanica quantistica, in particolare, per l'interpretazione statistica della funzione d'onda" (Capitolo 4). Finalmente un premio per un lavoro esclusivamente suo!

Gli anni più belli

Nell'ottobre 1939, Schrödinger arrivò a Dublino con le due 'mogli' (Anny e Hilde) e la figlia Ruth. Verso la metà del 1940 assunse l'incarico di direttore dell'Institute for Advanced Studies. In quegli anni, cercò di elaborare una teoria di campo unificata (una teoria, come quella sognata da Einstein, che unificasse la gravità e l'elettromagnetismo). All'inizio del 1947 pensò di esserci riuscito, e la presunta scoperta fu ampiamente pubblicizzata dai giornali. Tuttavia, dopo avere letto i commenti di Einstein, si rese conto che la sua teoria non aveva alcun valore. Ne rimase letteralmente sconvolto! Il contributo più importante degli anni di Dublino (*"I più belli della mia vita"*, come lui stesso li definì) fu un libro, intitolato *Cos'è la Vita?* Il libro guadagnò subito una reputazione tra i fisici e i biologi, e contribuì alla nascita della biologia molecolare (i tre Premi Nobel 1962 per la scoperta della struttura del DNA, la molecola della vita, Maurice Wilkins, James Watson e Francis Crick, dichiararono che il loro interesse per la biologia molecolare fu stimolato in gran parte dalla lettura di quel libro).

La vita sentimentale di Schrödinger continuò ad arricchirsi di nuove conquiste. Fu allietata dalla nascita di altre due figlie, concepite con due diverse amanti irlandesi (una di queste, Sheila May, era una nota attrice, e attivista del Labour Party irlandese).

Nel 1956, Erwin e Anny abbandonarono Dublino, e fecero ritorno a Vienna, dove si stabilirono definitivamente. Erwin, ormai vicino alla settantina, e afflitto da seri problemi di salute, divenne titolare di una cattedra, istituita per lui dal governo austriaco, all'università di Vienna. Furono gli ultimi cinque anni della sua avventurosa vita.

La perseveranza premiata

Nel 1938, con l'annessione dell'Austria alla Germania, Pauli diventò un cittadino soggetto alle leggi tedesche. E così la sua posizione a Zurigo divenne sempre più precaria. Si sentì quindi molto sollevato quando, nel mese di maggio 1940, ricevette l'offerta di un contratto di 'professore in visita' all'Institute for Advanced Study di Princeton. Pauli accettò con piacere l'offerta, e nel mese di agosto dello stesso anno si trasferì, insieme con la moglie Franca, negli Stati Uniti, dove rimase per tutto il periodo della guerra. I suoi interessi scientifici si orientarono verso la fisica delle particelle subnucleari, il settore da poco nato, e che si stava espandendo.

Il 10 dicembre 1945, all'istituto di Princeton si svolse una sontuosa cena per festeggiare Pauli, al quale era stato finalmente conferito il Premio Nobel per la scoperta del principio di esclusione (Capitolo 4). Pauli ricorderà con particolare affetto il brindisi di Einstein (*"Non dimenticherò mai il discorso che egli fece per me... Era come un re che abdicasse e mi nominasse... suo successore"*). Nel 1946 ritornò a Zurigo, dove riprese a insegnare all'ETH. Dieci anni dopo, ricevette un telegramma da due fisici americani, Clyde Cowan e Frederick Reines, i quali da tre anni stavano conducendo un esperimento, per tentare di catturare l'inafferrabile neutrino. Il telegramma diceva: *"Siamo lieti di informarla che abbiamo... rivelato dei neutrini dai frammenti di fissione"*. Pauli, soddisfatto che la particella da lui proposta nel 1930 esisteva veramente, così rispose a Reines: *"Ogni cosa arriva a chi sa attendere"*.

Il 3 dicembre 1958 dovette interrompere la lezione che stava tenendo all'ETH a causa di un malanno. Fu trasportato all'ospedale di Zurigo, dove si spense il 15 dicembre. Era stato ricoverato nella camera numero 137!

Il navigatore italiano

Il 6 dicembre 1941, il presidente Roosevelt autorizzò un

programma segreto, noto come '*Progetto Manhattan*'. Il programma includeva ricerche sulla reazione nucleare a catena, e aveva come obiettivo la costruzione di una bomba nucleare. (Il giorno successivo i giapponesi attaccarono Pearl Harbor, e gli Stati Uniti entrarono in guerra.) Molti fisici del nostro racconto parteciparono al progetto, tra questi: Hans Bethe, Niels Bohr, Felix Bloch, Arthur Compton, Enrico Fermi, James Franck, Ernest Lawrence, Emilio Segrè, Victor Weisskopf, Eugene Wigner.

Un primo esperimento sulla reazione a catena fu eseguito nel 1941, alla Columbia University, sotto la guida di Fermi. Il progetto per la costruzione di un reattore nucleare fu realizzato all'università di Chicago.

Il 2 dicembre 1942, un gruppo di scienziati e tecnici si riunirono intorno al reattore, che era stato costruito sotto lo stadio dell'università. Fermi, imperturbabile come sempre, dirigeva le operazioni. Verso le quattro del pomeriggio il successo: nel reattore erano avvenute le prime reazioni nucleari a catena della storia!

Mentre tutti i presenti applaudivano, Eugene Wigner offrì a Fermi una bottiglia di Chianti per festeggiare l'avvenimento, e Arthur Compton fece una telefonata: "*Jim*", egli disse in codice, "*il navigatore italiano è appena approdato nel nuovo mondo*". Fu così che l'umanità entrò nell'era nucleare.

Il caso Oppenheimer

Gran parte della ricerca del Progetto Manhattan si svolse in un laboratorio segreto, che era stato costruito a Los Alamos, nel New Mexico. Robert Oppenheimer era stato nominato direttore scientifico del progetto. Il primo test di una bomba nucleare fu eseguito il 16 luglio 1945, e la prima bomba fu sganciata dagli americani su Hiroshima (Giappone) il 6 agosto.

Dopo la guerra, Oppenheimer divenne direttore dell'Istitute for Advanced Study di Princeton, e presidente del comitato consultivo della Commissione per l'Energia Atomica (CEA). Era una figura nota in tutto il mondo, con il suo volto sulle copertine delle riviste più in voga (*Time*, *Life* ecc.). Nel 1949 si oppose, insieme con altri scienziati, alla costruzione della bomba all'idrogeno (basata sulla fusione nucleare). La definì un'arma da genocidio, e si scontrò con scienziati, politici, e lo stesso presidente USA.

Nel 1954, al termine di un'inchiesta della CEA, gli fu vietato l'accesso ai segreti atomici, perché in passato aveva manifestato simpatie comuniste, e aveva avuto amicizie e relazioni con persone iscritte a movimenti comunisti (compresa la sua stessa moglie Kati). Fu descritto come un *"rischio per la sicurezza nazionale"*, e come un *"uomo con fondamentali difetti caratteriali"*. [3]

Profondamente scosso, Oppenheimer continuò a dirigere l'istituto di Princeton. Acquistò una casa nell'isola di St. John, una delle isole Virgin (USA), dove trascorse gran parte del suo tempo. Fu ufficialmente riabilitato nel 1963 (quattro anni prima della morte), con la consegna del premio 'Enrico Fermi' da parte del presidente degli Stati Uniti Lyndon Johnson. Tuttavia, non riuscì mai a dissipare i dubbi riguardanti la sua condotta, durante quel periodo cruciale della sua vita.

------ o ------

Aneddoti e frammenti

Il magico 137

"È stato un mistero fin da quando è stato scoperto... È uno dei più grandi dannati misteri della fisica... Si potrebbe dire che è stata la 'mano di Dio' a scrivere quel numero".

(Richard Feynman)

"Pauli una volta disse che se il Signore gli avesse permesso di domandargli qualsiasi cosa, la sua prima domanda sarebbe stata: 'Perché 1/137?' ".

Manci e Paul

Manci e Paul (Dirac) erano l'opposto uno dell'altra: lui era taciturno, lei molto loquace; lui era un tipo solitario, lei aveva moltissimi amici; lui era molto compassato, lei una donna appassionata. Un anno dopo il loro matrimonio, Paul scrisse a Manci: *"Mi hai fatto diventare umano. Saprò vivere felicemente con te, anche se non avrò più successo nel mio lavoro".*

(Graham Farmelo)

Un'altra persona

"Oppenheimer accettò il verdetto dell'inchiesta sulla sicurezza con molta serenità, ma egli era diventato un'altra persona; molto del suo spirito e della sua vitalità di un tempo lo avevano abbandonato".

(Hans Bethe)

Olivia Neutron Bomb

La famosa cantante australiana Olivia Newton-John è una nipote di Max Born (sua madre, Irene, era la figlia primogenita di Born). Per questo, uno dei suoi soprannomi è:

'Olivia Neutron Bomb'

(da Daily Echo, 11 marzo 2013)

L'ultimo Pauli

"Si sentiva profondamente ferito, e aveva fatto scendere una cortina [tra lui e gli altri]. Cercava di vivere senza ammettere la realtà."

(*Franca Pauli*)

Born a Cambridge

"Secondo George Gamow, una delle prime cose che incontrarono i già traumatizzati occhi di Born, quando scese dal treno con i suoi bagagli a Cambridge [nel 1933], fu un poster con la scritta 'Born to be Hanged' ['Nato per essere impiccato']. Gli dovettero spiegare che era semplicemente una pubblicità per uno spettacolo nel teatro locale".

(*Walter Gratzer*) [3]

Lo stile Fermi

Dopo la guerra, Fermi ritornò all'università di Chicago, dove insegnò durante gli ultimi anni di vita (morì nel 1954, a soli cinquantatré anni).

"Il suo insegnamento era esemplare, minutamente preparato, chiaro, con enfasi alla semplicità e alla comprensione delle idee di base, piuttosto che alle generalizzazioni e alle complicazioni... Bussavamo alla porta del suo studio e lui, se era libero, ci faceva entrare, e allora si dedicava a noi fino a quando il problema non era risolto".

(*Jack Steinberger*)

Ancora Oppenheimer

"Oppie... una volta mi portò a un ricevimento per il nuovo anno... offerto da Estelle Caen, una pianista... Mentre andavamo, Oppie disse che non era sicuro dell'indirizzo, ma si ricordava che l'appartamento era in Clay Street, e che il numero era composto di coppie di cifre, ognuna divisibile per sette - 1428, 2128, 2821, e così via. Così scorrazzammo per Clay Street, scrutando le case lungo la stra-

da fino a quando trovammo l'appartamento di Estelle al numero 3528".

(*Walter Gratzer*) [3]

Einstein e Bohr

"La musica fu una profonda necessità nella vita di Einstein, non in quella di Bohr... Bohr amava gli sport, il calcio durante la sua gioventù, il tennis poi, gli sci per quasi tutta la vita. Einstein non provava interesse per queste attività. Entrambi amavano le gite in barca... Il matrimonio di Niels con Margrethe fu per entrambi una grande sorgente di armonia... Einstein si sposò due volte... [e, come lui stesso disse] 'per due volte fu un fallimento...' Egli ebbe molte relazioni extraconiugali".

(*Abraham Pais*) [4]

I successi di Schrödinger

"Nessuno dei suoi successivi lavori può competere con la sua unica, grande esplosione di creatività [la meccanica ondulatoria]. Egli tentò di capire il significato della meccanica quantistica, la vita, e l'universo. Schrödinger corse dietro alle donne e all'illusoria teoria unificata dei campi che fa cadere così tanti fisici, ma ebbe successo solo nel primo tentativo".

(*Sheldon Glashow*) [5]

------ o ------

NUOVE FRONTIERE

La meccanica quantistica non è solo il principio d'indeterminazione di Heisenberg, l'interpretazione probabilistica di Born della funzione d'onda *psi*, il principio di complementarità di Bohr, o il gatto di Schrödinger. È anche la fisica dei semiconduttori e del transistor; degli atomi e del laser; dei nuclei e della risonanza magnetica; dei superconduttori e dell'orologio atomico; delle particelle subnucleari e delle loro interazioni; degli atomi superfreddi e della gravità quantistica; dell'intreccio quantistico e del teletrasporto; dei *qubit* e del computer quantistico.

Meraviglie quantistiche

Il transistor

Il transistor è il dispositivo principe della moderna elettronica dello stato solido. È composto di materiali semiconduttori (materiali che, come il silicio, hanno caratteristiche elettriche tra quelle dei metalli e quelle degli isolanti). Nei circuiti elettronici, il transistor ha due funzioni base: può essere usato per amplificare segnali elettrici (come i segnali radio di un'antenna), oppure nella funzione di interruttore (come in un computer).

Verso la fine degli anni Quaranta, i fisici americani John Bardeen e Walter Brattain stavano conducendo delle ricerche ai Bell Labs (Capitolo 4) sul comportamento degli elettroni in un semiconduttore. Dopo molti tentativi infruttuosi, riuscirono a realizzare il primo transistor della storia, il quale era in grado di amplificare dei deboli segnali elettrici. Era il 16 dicembre 1947. Nelle settimane successive, un terzo personaggio irruppe sulla scena: William Shockley. Profondo conoscitore della fisica quantistica dei semiconduttori (aveva conseguito il Ph.D. al MIT, con John Slater), Shockley riuscì a sviluppare un secondo tipo di transistor, più pratico e più facile da costruire di quello di

Bardeen e Brattain (per le loro scoperte, i tre vinsero il Premio Nobel per la fisica 1956). Nel 1954 la prima radio a transistor fu introdotta nel mercato. Nel 1958 fu inventato il primo 'circuito integrato', e apparve il primo computer a transistor. Il primo 'microprocessore' fu introdotto nel 1971 (era un singolo *chip* di silicio, contenente 2300 transistor). I microprocessori dei moderni *personal computer* contengono centinaia di milioni di transistor!

La luce laser

Quando la polizia ci multa per eccesso di velocità, ha usato un *laser* per misurarla. Il nostro lettore di CD contiene un laser, e così le stampanti laser, e i lettori dei codici a barre dei supermercati. Sono infinite le applicazioni del laser: nella scienza, nella tecnica, nell'industria, nella medicina, nelle telecomunicazioni, nel settore ambientale.

Il laser (acronimo di *Light Amplification by Stimulated Emission of Radiation*) è una sorgente di luce che ha delle caratteristiche peculiari. I raggi della luce laser sono molto più paralleli di quelli delle sorgenti ordinarie (lampadine, LED ecc.), per cui la luce è molto concentrata, e il fascio è molto direzionale e intenso. Inoltre, la luce è monocromatica (è costituita di onde luminose della stessa lunghezza d'onda; ossia, dello stesso colore). Infine, la luce è coerente (i picchi e le valli di tutte le onde luminose emesse coincidono perfettamente).

Il funzionamento del laser si basa sull'*emissione stimolata*, scoperta da Einstein nel 1917 (Capitolo 3). Si provoca l'eccitazione di un gran numero di atomi del materiale che emette la luce laser. Alcuni atomi eccitati si diseccitano spontaneamente a un livello di energia inferiore, emettendo dei fotoni, i quali hanno la giusta frequenza per provocare l'emissione stimolata di una miriade di altri atomi. Si crea così una valanga di fotoni, tutti con la stessa frequenza, e che si muovono esattamente nella stessa direzione, grazie al fatto che sono dei bosoni (con *spin* uguale a 1), e quindi obbediscono alla statistica di Bose-Einstein (Capitolo 4). Furono due fisici americani, Charles Townes e Arthur Schawlow a proporre l'idea del laser, nel 1958. Il primo laser fu realizzato negli USA da Theodore Maiman, nel 1960. (Townes ricevette il Nobel per la fisica nel 1964, e Schawlow nel 1973.)

La risonanza magnetica

Pensiamo ai miliardi di miliardi di atomi che si trovano in una goccia d'acqua. I loro nuclei contengono dei protoni, particelle con uno *spin*, e che si comportano come dei microscopici aghi magnetici. Applicando un intenso campo magnetico, una frazione consistente di questi aghi magnetici si allineano nella direzione del campo.

Se inviamo delle onde radio con la giusta frequenza, gli aghi magnetici (i protoni) assorbono la loro energia, e compiono un salto quantico, orientandosi in direzione opposta. Spegniamo ora la sorgente delle onde inviate, e gli aghi magnetici ritorneranno nella loro posizione di partenza, emettendo le stesso tipo di onde che avevano assorbito, e che saranno registrate. Questo fenomeno, che riguarda tutti i nuclei atomici che si comportano come dei microscopici aghi magnetici, è denominato 'Risonanza Magnetica Nucleare' (sigla: RMN). Fu scoperto negli Stati Uniti verso la fine degli anni Quaranta, da due fisici, uno dei quali era Felix Bloch (Capitolo 5), l'assistente di Heisenberg che era emigrato negli USA (Premio Nobel 1952).

La RMN è ampiamente utilizzata per lo studio della struttura della materia. Ma il suo uso più spettacolare è in medicina, dove è diventata la tecnica diagnostica delle 'Immagini da Risonanza Magnetica' (sigla: IRM, o semplicemente 'Risonanza Magnetica', RM). La tecnica è utilizzata per ottenere immagini di sottili strati degli organi del nostro corpo, e distingue i tessuti sani da quelli malati. (Il nostro corpo contiene una quantità enorme di microscopici aghi magnetici. I più numerosi sono i protoni, i quali sono presenti nelle molecole di acqua e dei grassi.)

I superconduttori

Per certi materiali, la resistenza al passaggio della corrente elettrica diventa uguale a zero, al di sotto di una certa *temperatura critica*. Il fenomeno è denominato '*superconduttività*', e i materiali sono detti '*superconduttori*'.

Fu il fisico olandese Heike Kamerlingh Onnes a scoprire, nel lontano 1911, che alcuni metalli diventavano superconduttori a temperature molto vicine allo zero assoluto (circa 4 kelvin = -269 gradi centigradi). Si dovette però attendere quasi cinquant'anni per avere una teoria che spiegasse il fenomeno in modo soddisfacente. Questo perché la fisica classica è inadeguata, mentre si deve utilizzare la fisica quantistica.

La teoria microscopica della superconduttività (quella scoperta da Kamerlingh Onnes) fu elaborata, utilizzando la meccanica quantistica, nel 1957, da tre fisici teorici americani: John Bardeen (lo stesso della scoperta dell'effetto transistor), Leon Cooper e Robert Schrieffer (uno studente di ricerca di Bardeen). Essa è nota come 'teoria BCS', dalle iniziali dei cognomi dei tre autori, ai quali fu conferito il Premio Nobel per la fisica 1972 (Bardeen è l'unico scienziato ad avere ricevuto due Premi Nobel per la stessa disciplina). Verso la metà degli anni Ottanta furono scoperti nuovi materiali, detti '*superconduttori ad alta temperatura*', perché la loro temperatura critica è di qualche decina di kelvin (oggi, la massima temperatura critica supera i 140 kelvin = -133 gradi centigradi).

I superconduttori hanno una vasta gamma di applicazioni. Eccone alcune: sensibilissimi dispositivi per misure elettriche; sistemi per la trasmissione dell'energia elettrica; rivelatori di debolissimi campi magnetici; sistemi di comunicazione con microonde; biomagnetismo. (I magneti costruiti con materiali superconduttori sono utilizzati nelle apparecchiature per la IRM, e nei moderni acceleratori di particelle, come il collider LHC del CERN.)

L'orologio atomico

Nel 1949, il fisico americano Norman Ramsey inventò una tecnica per misurare le vibrazioni degli elettroni di un isotopo dell'elemento cesio: il cesio-133. Egli riuscì a misurare la transizione tra due dei suoi livelli di energia molto vicini (tecnicamente è detta 'transizione iperfine'), con una fantastica precisione. L'atomo cesio-133 divenne allora l'orologio atomico di riferimento, adottato a livello internazionale per definire l'unità di tempo, il secondo, come l'intervallo temporale che è necessario perché avvengano 9.192.631.770 oscillazioni della transizione iperfine del cesio-133. Gli orologi atomici sono utilizzati in molte applicazioni pratiche: per esempio, essi sono gli orologi di riferimento, posti sui satelliti del GPS (Global Positioning System), il sitema di navigazione che utilizziamo durante i nostri viaggi.

Il Premio Nobel per la fisica 2012, David Wineland, con due ioni isolati in una trappola (costituita da un campo elettrico), ha realizzato un nuovo 'orologio ottico' che è cento volte più preciso degli orologi atomici al cesio: se uno avesse misurato il tempo con uno di questi orologi ottici, dalla nascita dell'universo (nell'istante del Big Bang, circa 14 miliardi di anni or sono) fino a oggi, avrebbe fatto un errore di soli 5 secondi!!

Effetto tunnel

L'effetto tunnel, scoperto da George Gamow, Ronald Gurney e Edward Condon per il decadimento alfa dei nuclei radioattivi (Capitolo 5), spiega molti altri fenomeni fisici. Inoltre, esso permette il funzionamento di numerosi dispositivi elettronici moderni, come i diodi a tunnel, utilizzati nella strumentazione elettronica; le memorie 'flash', utilizzate nelle fotocamere digitali, nei cellulari, nei computer portatili. L'effetto tunnel è alla base dei dispositivi superconduttori a interferenza quantistica (sigla: SQUID), con i quali si misurano debolissime fluttuazioni di campi magnetici (prodotte, per esempio, dai neuroni del cervello umano, o dai tremori sismici della Terra).

Lo stesso effetto è sfruttato nel 'microscopio a effetto tunnel' (sigla: STM), inventato nel 1981 da Gerd Binnig e Heinrich Rohrer nei laboratori dell'IBM di Zurigo (per l'invenzione del STM, ai due fisici è stato conferito il Nobel 1986). Con il microscopio STM si riesce a osservare e a manipolare i singoli atomi sulle superfici dei materiali.

Atomi superfreddi

Nel 1995, dopo molti anni di tentativi senza successo, i fisici americani Eric Cornell, Carl Wieman, e il tedesco-americano Wolfgang Ketterle dimostrarono in laboratorio l'esistenza del quinto stato della materia: il *condensato di Bose-Einstein* (Capitolo 4). Gli sperimentatori riuscirono a raffreddare un tenue gas di atomi, che si comportano come dei bosoni (particelle di *spin* intero), e che seguono la statistica di Bose-Einstein. A temperature superpolari di pochi miliardesimi di grado sopra lo zero assoluto, gli atomi crollano rapidamente nel loro livello di energia più basso, e sono tutti rappresentati da un'unica funzione d'onda *psi*, come se il gas fosse diventato una specie di 'superatomo', che esibisce effetti quantistici su scala macroscopica.

Il quinto stato della materia è ormai realizzato in molti laboratori, in tutto il mondo. Le possibili applicazioni includono il laser atomico, gli orologi atomici, il computer quantistico, e le nanotecnologie (le tecnologie che manipolano la materia a livello atomico e molecolare).

Teorie delle forze

L'elettrodinamica quantistica

La moderna *elettrodinamica quantistica* (sigla: QED, acronimo di *Quantum Electrodynamics*) è una teoria quantistica dei campi che descrive tutti i fenomeni elettromagnetici. Essa incorpora anche la relatività ristretta (ossia, è valida per particelle che viaggiano con velocità vicine a quella della luce nel vuoto).

La teoria descrive come le particelle elettricamente cariche (per esempio, gli elettroni) interagiscono con la radiazione elettromagnetica, e come le stesse particelle interagiscono tra di loro, a causa della loro carica elettrica. Fu elaborata alla fine degli anni Quaranta, principalmente dai fisici teorici americani Richard Feynman e Julian Schwinger, e dal giapponese Sin-Itiro Tomonaga (Premi Nobel 1965).

L'idea alla base della teoria è che le particelle con una carica elettrica sono circondate da una nube di fotoni, e due particelle interagiscono scambiandosi questi fotoni, i quali agiscono come '*messaggeri*' della forza elettromagnetica che agisce tra le particelle stesse. I fotoni che trasportano la forza sono '*virtuali*', cioè si può solo dedurre la loro esistenza. (Fotoni, come quelli della luce solare o delle onde radio, sono invece reali: essi sono emessi dalla sorgente e rivelati dai nostri occhi o da appositi strumenti).

La moderna QED diventò una delle teorie quantistiche dei campi più precise e di successo che fosse mai stata elaborata [6]. I fisici delle particelle la considerano come un modello per la ricerca delle teorie di tutte le particelle e delle forze fondamentali della natura.

Richard Feynman (1918-88) amava definirsi: "*Fisico premio Nobel, insegnante, cantastorie, suonatore di bongo*". Uno dei fondatori della moderna QED, è anche noto per avere sviluppato una nuova formulazione della meccanica quantistica, e per avere inventato delle geniali rappresentazioni grafiche delle formule matematiche che governano il comportamento delle particelle subatomiche, note come i '*diagrammi di Feynman*'. È stato uno dei più noti fisici a livello mondiale (nel 1999, un sondaggio della rivista inglese *Physics World* lo classificò come uno dei dieci più grandi fisici di tutti i tempi). Feynman, celebre professore del Caltech dal 1950, è ritenuto il padre delle nanotecnologie, e uno degli ispiratori del computer quantistico.

Forze fondamentali

Durante gli anni Cinquanta e Sessanta, gli esperimenti eseguiti ai nuovi acceleratori di particelle produssero una giungla di nuove entità subnucleari, che i fisici cercarono di classificare e di interpretare. Tutte le particelle furono suddivise in due gruppi: il primo gruppo è quello degli '*adroni*', i quali 'sentono' la forza nucleare forte; il secondo gruppo è quello dei '*leptoni*', i quali 'non sentono' la forza nucleare forte.

Nel 1964, il fisico teorico americano Murray Gell-Mann ebbe un'idea originale: propose che tutti gli adroni fossero composti di entità ancora più fondamentali, che egli chiamò '*quark*'. Il protone e il neutrone, i due adroni più conosciuti, sono composti di tre quark, uniti tra loro dalla forza nucleare forte, lo stesso tipo di forza che tiene uniti i protoni e i neutroni nei nuclei atomici (studiata per la prima volta da Ideki Yukawa nel 1934, Capitolo 5).

La moderna teoria della forza nucleare forte fu sviluppata, all'inizio degli anni Settanta, in analogia con QED. Infatti, fu denominata '*Cromodinamica Quantistica*' (sigla: QCD, da *Quantum Chromodynamics*). Il nome evoca che la forza nucleare forte è generata da proprietà fisiche dei quark, diverse dalla carica elettrica, note come '*cariche di colore*' (è questo un nome di fantasia, inventato dai fisici che formularono la teoria, che non ha nulla a che vedere con i colori dell'arcobaleno).

Inoltre, come per la teoria QED, esistono delle particelle messaggere della forza forte, dette '*gluoni*'. A differenza della forza elettrica, però, la forza nucleare forte all'interno di un adrone, invece di diminuire di intensità con l'aumentare della distanza, diventa sempre più intensa. Questo fatto impedisce ai quark di esistere liberi (come lo è, per esempio, l'elettrone), ma li costringe a restare perennemente confinati all'interno degli adroni. Gli americani David Gross, Franck Wilczek e David Politzer (Laureati Nobel 2004) sono tra i principali artefici della teoria QCD.

La teoria di Enrico Fermi del 1933, che spiegava l'altra forza nucleare, l'interazione debole (Capitolo 5), fu perfezionata negli anni Cinquanta, per incorporare nuovi fenomeni che erano emersi dagli esperimenti.

Negli anni Sessanta, nacque una nuova teoria quantistica dei campi, la quale descrive sia la forza elettromagnetica (spiegata da QED), sia la forza nucleare debole, con un unico formalismo matematico. È questa la teoria della '*forza elettro-debole*', elaborata dagli americani Sheldon Glashow e Steven Weinberg, e dal pakistano Abdus Salam (i tre conseguirono il Premio Nobel per la fisica 1979). I messaggeri della forza elettro-debole sono: il fotone (trasmette la parte elettromagnetica della forza), e tre 'bosoni intermedi', scoperti da Carlo Rubbia (Nobel 1984) in un esperimento eseguito al collider SPS del CERN di Ginevra, all'inizio degli anni Ottanta.

Unificazione. Gli scienziati cercano di unificare la forza elettro-debole con la forza nucleare forte in una Teoria della Grande Unificazione (GUT). Sfortunatamente, le energie alle quali queste forze si dovrebbero combinare in un'unica forza sono cento miliardi di volte più grandi di quelle raggiunte dai più potenti acceleratori di particelle oggi esistenti sul nostro pianeta.

La gravità quantistica

Il sogno dei fisici teorici è quello di scoprire un'unica teoria che combini la *meccanica quantistica*, la quale descrive tre delle quattro forze fondamentali della natura (la forza elettromagnetica, la forza nucleare forte e quella debole) con la *relatività generale* di Einstein del 1915 (Capitolo 3), la quale descrive la quarta forza fondamentale: la *gravità*. Oggi, le teorie concorrenti sono due, ancora a un livello speculativo: la '*teoria delle stringhe*' (o delle '*cordicelle*'), e la '*gravità quantistica degli anelli*' (o dei '*loop*').

La *teoria delle stringhe*, oltre a combinare la meccanica quantistica e la gravità, tenta di unificare le quattro forze fondamentali della natura, le quali emergerebbero da un'unica forza ancora più fondamentale. La teoria considera le particelle elementari dell'universo come se fossero delle 'stringhe' (o 'cordicelle') unidimensionali, infinitamente piccole, e non delle entità puntiformi. Queste 'cordicelle' vibrano in uno spazio con un numero di dimensioni superiore alle tre dello spazio in cui viviamo (come una corda di violino, quando vibra, produce un numero infinito di toni, così una stringa vibra descrivendo un numero infinito di particelle di masse crescenti).

L'altra teoria, la *gravità quantistica degli anelli*, non ha l'ambizione di unificare tutte le quattro forze fondamentali, ma si concentra sul problema di combinare la meccanica quantistica e la relatività generale. Essa considera granelli elementari di spazio e di tempo (gli anelli) come i costituenti di base della realtà fisica. Mentre le stringhe si muovono nello spazio e nel tempo, gli anelli costituiscono essi stessi lo spazio-tempo (sono dei 'quanti' di spazio-tempo). Entrambi gli approcci teorici sono dei tentativi che cercano di approdare alla gravità quantistica. Nessuna delle due teorie, però, ha finora prodotto delle predizioni che possano essere sottoposte a una verifica sperimentale.

RINASCITA QUANTISTICA

Durante il 'periodo d'oro dei quanti' (anni Venti e Trenta), le tecnologie non erano sufficientemente sviluppate per eseguire degli esperimenti che potessero testare le bizzarre predizioni della meccanica quantistica. I fisici teorici, allora, inventavano degli 'esperimenti mentali', quando discutevano di questi argomenti (Capitoli 4, 5).

Dagli anni Settanta in poi, la possibilità di avere a disposizione nuove e sofisticate tecnologie (in particolare, il laser) provocò una 'rinascita' dell'interesse sui fondamenti della nuova teoria.

Intreccio quantistico

Si dovette attendere circa trent'anni prima di poter eseguire un esperimento reale (non mentale) per stabilire se il fenomeno dell'*intreccio quantistico* (*quantum entanglement*,
Capitolo 5) era una realtà (come sosteneva Bohr), oppure
no (come sosteneva Einstein).

Nel 1964, il fisico teorico John Bell approfondì l'esperimento EPR (Capitolo 5), e trovò una relazione matematica
(una diseguaglianza) che lega delle grandezze fisiche mi-
surabili, e che si basa sugli argomenti di Einstein per una
teoria che possa spiegare la realtà fisica, escludendo il concetto d'intreccio (il quale deriva dalla meccanica quantistica). La diseguaglianza di Bell permise di eseguire e-
sperimenti EPR reali: se si fosse verificato che la diseguaglianza era valida, aveva ragione Einstein; se, invece, si
fosse verificato che era violata, aveva ragione Bohr.

John Bell (1922-90) era nato a Belfast, nell'Irlanda del
Nord, e aveva conseguito il Ph.D. all'università di Birmingham. Aveva trascorso alcuni anni in centri di ricerca inglesi, e nel 1960 si era trasferito al CERN di Ginevra. Qui
condusse ricerche sulla fisica delle particelle e sui fondamenti della meccanica quantistica. Nel 1964, Bell diede il
suo grande contributo, scrivendo un articolo intitolato '*Sul
paradosso Einstein-Podolsky-Rosen*', dove presentava la
famosa diseguaglianza che porta il suo nome. Ricevette
molti riconoscimenti per queste sue ricerche. Se fosse vis-
suto più a lungo, avrebbe molto probabilmente ottenuto il
Premio Nobel.

Nel 1972, un gruppo di ricercatori americani, con a capo il
fisico John Clauser, eseguì un esperimento per verificare
se la diseguaglianza di Bell era violata oppure no (nel-
l'esperimento erano utilizzati fotoni, in luogo di particelle
materiali). I risultati furono in accordo con le previsioni
della meccanica quantistica ma non erano conclusivi.

L'esperimento cruciale fu quello del fisico francese Alain
Aspect, eseguito nel 1982 all'università Paris-Sud a Orsay.

Anche Aspect utilizzò i fotoni, e misurò la *polarizzazione* (ossia, l'orientazione del campo elettrico dell'onda corrispondente) di coppie di fotoni, distanziati una decina di metri l'uno dall'altro. I risultati furono chiari: la diseguaglianza di Bell era violata. L'intreccio quantistico è quindi una realtà. Il mondo degli atomi e delle particelle è quello descritto da Bohr, e non quello delle 'variabili nascoste', che deriverebbe dalla visione di Einstein. Nel 1998, il gruppo di Nicolas Gisin, a Ginevra, e quello di Anton Zeilinger, a Innsbruck, confermarono i risultati di Aspect, eseguendo anche loro le misure su dei fotoni. (Nell'esperimento di Gisin, i fotoni intrecciati avevano percorso una distanza di un centinaio di metri sotto il Lago di Ginevra, lungo delle fibre ottiche.)

Per approfondire

I fotoni 'intrecciati' di Aspect

Il principio dell'esperimento di Aspect è il seguente. Un atomo, eccitato con dei laser, si diseccita, ed emette una coppia di fotoni in direzioni opposte. Tra i due fotoni, se sono valide le leggi della meccanica quantistica, esiste una correlazione quantistica, ed essi rimangano 'intrecciati' anche quando sono distanti uno dall'altro. I risultati ottenuti da Aspect, dalle misure effettuate simultaneamente sullo stato di polarizzazione dei due fotoni, dimostrano che essi sono intrecciati. (Si dice anche che tra i due fotoni esiste una 'correlazione non locale', perché i loro stati quantici si influenzano istantaneamente, anche quando i fotoni sono allontanati a una qualsiasi distanza: per esempio, uno è sulla Terra e l'altro su Alfa Centauri.)

Alain Aspect, all'età di ventiquattro anni, si laureò in fisica a Parigi. Dopo partì per l'Africa, andò nel Camerun, dove svolse per tre anni il servizio militare, insegnando fisica. Durante il periodo africano perfezionò, come autodidatta, le sue conoscenze sulla meccanica quantistica. Ritornato dall'Africa, iniziò la sua tesi di dottorato all'università

Paris-Sud a Orsay, il cui argomento riguardava il famoso articolo di John Bell.

Nel 1982 eseguì il pionieristico esperimento con il quale confermò che la correlazione quantistica per una coppia di fotoni intrecciati è inconciliabile con la visione del mondo che aveva Einstein. Le sue ricerche attuali (è direttore di ricerca del CNRS francese) riguardano il condensato di Bose-Einstein: nel suo laboratorio è utilizzato per studiare l'intreccio quantistico di atomi, invece che di fotoni.

Il gatto di luce

Il Premio Nobel per la fisica 2012 è stato conferito a due esperti di ottica quantistica, il fisico statunitense David Wineland e il francese Serge Haroche, per avere sviluppato *"dei metodi sperimentali rivoluzionari che permettono di misurare e di manipolare dei sistemi quantici individuali"*.

Haroche usa atomi come sensibilissime sonde microscopiche per esplorare gli stati quantici di fotoni, intrappolati in una cavità. Wineland, al contrario, usa fotoni per misurare gli stati quantici di atomi. Entrambe le tecniche permettono di investigare i fondamenti della meccanica quantistica, e contribuiscono a sviluppare nuove tecnologie, come i computer quantistici, e orologi atomici con una precisione da capogiro.

Le proprietà quantistiche dei fotoni e delle particelle materiali, come l'intreccio e la sovrapposizione degli stati, sono difficili da osservare: le particelle svelano la loro natura quantistica solamente se sono accuratamente isolate, e anche un impercettibile contatto con il mondo esterno distrugge i loro stati quantici. Gli esperimenti sono quindi molto delicati: il solo fatto di eseguire una misura può alterare il sistema che si sta osservando. Wineland e Haroche hanno sviluppato delle tecniche che permettono di esplorare questi stati quantici senza distruggerli.

Nel 1996, Haroche e i ricercatori del suo gruppo, hanno eseguito un esperimento ('reale'), ispirato all'esperimento 'mentale' del 'gatto di Schrödinger'. Sono riusciti a osservare lo stato di sovrapposizione di un sistema di alcuni fotoni (una specie di 'gatto di luce'), senza farlo collassare: il gatto di luce è rimasto contemporaneamente 'vivo' e 'morto' per cinquanta millesimi di secondo. Essi hanno anche osservato, per la prima volta, come la *coerenza quantistica*, ossia, il fenomeno della sovrapposizione di stati quantici coerenti, gradualmente scompare, dando luogo a un sistema descritto dalle leggi della fisica classica. Questo è il fenomeno della '*decoerenza*', alla frontiera tra il mondo quantistico e quello classico. (Nello stesso anno, Wineland e collaboratori hanno realizzato anche loro una specie di 'gatto di Schrödinger', creando la sovrapposizione di due stati coerenti di uno ione di berillio, intrappolato in un campo elettrico.)

––––––

Per approfondire

Il 'gatto di luce' di Haroche

Haroche isola alcuni fotoni (le cui onde corrispondenti hanno una frequenza nell'intervallo delle microonde) in una cavità, completamente isolata dall'ambiente esterno, e a una temperatura vicina allo zero assoluto. Dopodiché manipola uno speciale atomo (detto 'atomo di Rydberg', con dimensioni 1000 volte più grandi di quelle di un atomo normale), e lo porta in due stati di energia sovrapposti. Proietta poi l'atomo nella cavità, dove si stabilisce un 'intreccio quantistico' tra l'atomo stesso e i fotoni, portando così il campo di questi ultimi in uno stato di sovrapposizione quantistica (seguendo Schrödinger, il sistema dei fotoni diventa un 'gatto di luce', che si trova in entrambi gli stati nello stesso tempo; ossia, è 'vivo' e 'morto' nello stesso tempo). A questo punto, Haroche invia un secondo atomo nella cavità e, all'uscita, lo confronta con il primo. Riesce così a osservare il 'gatto di luce' senza modificarne lo stato di sovrapposizione.

Ripetendo l'esperimento più volte, egli nota che più lungo è l'intervallo di tempo tra l'invio del primo e del secondo atomo, più i loro stati quantici sono diversi, segno che, con il trascorrere del tempo, lo stato di sovrapposizione dei fotoni scompare (fenomeno della *decoerenza*). Il 'gatto di luce' non è più 'vivo' e 'morto' nello stesso tempo, ma è 'vivo' o 'morto', come dettano le leggi della fisica classica.

Serge Haroche, all'età di dodici anni, lasciò il Marocco (era nato a Casablanca nel 1944), e insieme con i suoi genitori si trasferì a Parigi. Al liceo scoprì che la natura obbedisce a leggi matematiche, e ne fu completamente affascinato. Decise allora di dedicarsi alla scienza, e andò a studiare all'École Normale Supérieure. Svolse poi la sua tesi di dottorato presso il prestigioso laboratorio di ottica quantistica Kastler-Brossel, dove imparò a manipolare fotoni e atomi.

Nel 1996, Haroche e i suoi collaboratori, furono i primi a eseguire un esperimento ispirato al 'gatto di Schrödinger', e a indagare sulla 'decoerenza quantistica'. Seguì, nel 2006, un secondo importante esperimento, con il quale riuscirono a osservare lo stato quantico di un singolo fotone, senza distruggerlo. Oggi, Haroche è professore al Collège de France e all'École Normale Superiéure, a Parigi.

David Wineland, all'età di ventisei anni (anche lui, come Haroche, è nato nel 1944), conseguì il Ph.D. all'università di Harvard. Trascorse poi alcuni anni all'Università di Washington (Seattle), dove imparò come confinare ioni (atomi con una carica elettrica) all'interno di trappole, costituite da campi elettrici. Nel 1975 si trasferì al NIST (National Institute of Standards and Technology), a Boulder, Colorado. Qui imparò a usare il laser per raffreddare gli ioni intrappolati, portandoli a temperature vicine allo zero assoluto. Con questa tecnica, Wineland e i suoi collaboratori eseguirono raffinati esperimenti per testare le teorie quantistiche, e dimostrarne le applicazioni. Questi esperimenti hanno anche contribuito allo sviluppo di orologi atomici che hanno una precisione mai raggiunta in precedenza. Wineland è anche un professore di fisica dell'Università del Colorado, a Boulder.

Star Trek e il fotone

Nelle serie televisiva *Star Trek* gli oggetti materiali e le persone sono disintegrate e ricostruite su lontani pianeti, atomo per atomo. Questo è il sogno del '*teletrasporto*', ossia, la tecnica di trasportare istantaneamente cose e persone da un luogo all'altro dell'universo. Sebbene questo tipo di teletrasporto sia ancora nel regno della fantascienza, il '*teletrasporto quantistico*' di singoli fotoni, di atomi e di ioni, è diventato una realtà in molti laboratori. I fisici, però, pensano che sarà difficile che si possa andare oltre queste applicazioni.

Nel 1993, Charles Bennett dei laboratori IBM di New York, insieme con altri ricercatori, scoprì che l'*intreccio quantistico* poteva essere utilizzato per realizzare il teletrasporto. Il primo esperimento di laboratorio che dimostrò con successo il teletrasporto quantistico fu eseguito all'università di Innsbruck dal gruppo del fisico Anton Zeilinger, nel 1997. Nell'esperimento fu teletrasportato un fotone a una distanza di circa 10 metri. Nel 2005, i ricercatori di Zeilinger teletrasportarono un fotone a una distanza di 600 metri, sotto il Danubio, nella città di Vienna. Lo stesso gruppo detiene l'attuale record mondiale (2012): il teletrasporto dello stato quantico di fotoni a una distanza di 143 kilometri, tra le isole Canarie di La Palma e Tenerife. Questo record apre la strada a futuri esperimenti su grandi distanze, usando satelliti in orbita.

Nel 2010, a John Clauser, Alain Aspect e Anton Zeilinger è stato conferito il Premio Wolf per la fisica, il premio della Fondazione Wolf di Israele, che per molti scienziati è l'anticamera del Premio Nobel.

––––––

Per approfondire

Teletrasporto quantistico di un fotone

La base concettuale dell'esperimento di Zeilinger è la seguente. Un atomo emette due fotoni tra i quali esiste una correlazione quantistica. I due fotoni intrecciati (A e B) si trovano a una certa distanza, uno con Alice e l'altro con Bob. Alice vuole teletrasportare lo stato di polarizzazione, a lei ignoto, di un terzo fotone X. Per questo, esegue una misura congiunta sui fotoni A e X, senza determinare la loro polarizzazione individuale. A e X diventano, a loro volta, intrecciati, e così il fotone X perde il suo stato di polarizzazione originario.

La misura congiunta su A e X cambia istantaneamente lo stato di polarizzazione del fotone di Bob (B), il quale diventa una combinazione del risultato della misura di Alice e dello stato originario di X. Ora, Alice comunica a Bob, attraverso un canale di comunicazione classico (per esempio, usando un cellulare, oppure inviando un messaggio email; perciò, sempre con una velocità inferiore a quella della luce), quale dei risultati della sua misura ha ottenuto [7]. Bob può così modificare lo stato di polarizzazione di B, in modo tale che coincida con quello originario di X. Poiché il fotone X aveva perso il suo stato originario, si può dire che il fotone B si è trasformato nel fotone X, senza che questo sia stato materialmente trasportato (è stato teletrasportato il suo stato quantico): un fotone con le caratteristiche di X è scomparso dal luogo dove si trova Alice, ed è comparso nel luogo dove si trova Bob.

––––––

Anton Zeilinger (nato nel 1945), dopo avere studiato fisica e matematica all'università di Vienna, si occupò, prima come studente di ricerca e poi come ricercatore, dei fondamenti della meccanica quantistica. Approfondì questi temi, partecipando all'esecuzione di esperimenti sull'interferenza di neutroni, con gruppi dell'Università Tecnica di Vienna, e del MIT di Boston.

Verso la fine degli anni Ottanta, Zeilinger cominciò a interessarsi della correlazione quantistica, interesse che lo portò al noto esperimento del 1997 sul teletrasporto di fotoni. Da allora tutta la sua attività scientifica si è sviluppata su questi argomenti, e sulle loro applicazioni nella scienza dell'informazione quantistica (in particolare: la crittografia e il computer quantistico). Zeilinger è professore di fisica all'università di Vienna e direttore scientifico dell'Istituto di Ottica e Informazione Quantistica dell'Accademia Austriaca delle Scienze.

Informazione e 'qubit'

La crittografia quantistica

Alice vuole inviare un messagio segreto a Bob. Ogni parola del messaggio è digitalizzata; ossia, è trasformata in un numero binario (una lunga sequenza di 0 e 1). Il numero binario è poi trasformato (cifrato), mediante un altro numero binario segreto, denominato 'chiave'. Quando il messaggio arriva a Bob è decifrato; ossia, trasformato nel messaggio originario, utilizzando la 'chiave', che solo Alice e Bob conoscono. È importante che la 'chiave' non cada nelle mani di una persona estranea (nel linguaggio degli informatici è chiamata Eve) che vuole intercettare il messaggio.

La *crittografia quantistica* elimina questo pericolo, sfruttando il fenomeno dell'*intreccio quantistico* per costruire delle chiavi perfettamente sicure. Alice e Bob ricevono coppie di fotoni polarizzati e intrecciati (un fotone di ciascuna coppia ad Alice, e uno a Bob). Essi misurano lo stato di polarizzazione dei fotoni che arrivano, lungo la stessa direzione di polarizzazione, e ottengono lo stesso risultato per ogni coppia intrecciata. La sequenza dei risultati, trasformati in un numero binario, costituisce la chiave segreta che solo loro conoscono.

Se Eve vuole intercettare i fotoni trasmessi ad Alice e a Bob, deve obbligatoriamente eseguire una misura della loro polarizzazione. La misura cambierà inevitabilmente il loro stato quantico, permettendo ad Alice e a Bob di scoprire l'intromissione di Eve. In questo modo, la sicurezza della crittografia quantistica è garantita.

Nel 2004, il gruppo di Zeilinger ha usato la crittografia quantistica per eseguire un trasferimento di denaro, tra una banca di Vienna e l'ufficio del sindaco della città. E nel

2007 è stata usata la crittografia quantistica per conteggiare i voti durante una votazione cantonale a Ginevra.

Il computer quantistico

Il *computer quantistico* sfrutta le proprietà quantistiche delle particelle, in particolare i fenomeni della *sovrapposizione degli stati quantici* e dell'*intreccio quantistico*. Mentre un computer classico memorizza le informazioni nella forma di bit 0 e 1, un computer quantistico usa i '*qubit*' ('*quantum bit*') per eseguire le operazioni. Un singolo *qubit* rappresenta una qualsiasi *sovrapposizione di due stati quantici* di un sistema, rappresentati da 0 e 1. Essi possono essere realizzati, per esempio, dalla sovrapposizione degli stati di polarizzazione di fotoni, o degli stati di *spin* di elettroni, oppure di ioni.

Quando più *qubit* interagiscono, i loro stati quantici diventano correlati. Per esempio, mentre due bit classici possono rappresentare solo uno dei quattro numeri binari, 00, 01, 10, 11, due *qubit* intrecciati li possono rappresentare tutti e quattro nello stesso tempo. In generale, un computer quantistico con N *qubit* intrecciati può assumere una qualsiasi sovrapposizione di 2^N ($2×2×2×2...$, N volte) stati differenti simultaneamente, mentre un computer classico può essere solamente in uno di questi stati. Per esempio, un computer quantistico con 300 *qubit* si comporterebbe come una macchina virtuale con un numero di bit pari al numero di atomi presenti nell'universo visibile. Questa caratteristica renderebbe i computer quantistici molto più veloci nell'esecuzione dei calcoli.

Biologia quantistica

Possono la coerenza quantistica, l'intreccio quantistico, o l'effetto tunnel, spiegare la fotosintesi clorofilliana, la migrazione degli uccelli, le mutazioni genetiche, e persino la delicata fragranza di un profumo? Ci sono indizi sempre più numerosi che questi bizzarri fenomeni della fisica quantistica possano giocare un ruolo determinante in molti processi biologici.

La fotosintesi. Mediante il processo chimico della fotosintesi, le piante e alcuni batteri convertono la luce del Sole in energia chimica. Il processo ha un'efficienza elevatissima: più del 99% dell'energia solare assorbita è convertita in energia chimica. Gli scienziati hanno ormai accertato che questa straordinaria efficienza è dovuta in parte al fatto che la natura sfrutta il delicato fenomeno della *coerenza quantistica*.

Quando un fotone della luce solare è assorbito da una molecola della clorofilla, in una cellula di una pianta, un elettrone di alta energia è espulso. Questo elettrone è trasmesso, attraverso una catena di molecole intermedie, a un centro di reazione, dove deposita la sua energia e innesca le reazioni che alimentano la cellula.

Gli esperimenti dei biologi quantistici hanno dimostrato che, per un tempo brevissimo (milionesimi di miliardesimi di secondo), entra in gioco la *sovrapposizione degli stati quantici* dell'elettrone: è come se la particella percorresse simultaneamente tutti i possibili tragitti verso il centro di reazione. Quando il tragitto più efficiente per il trasporto dell'energia è individuato, la funzione d'onda *psi* dell'elettrone collassa nello stato corrispondente a quel tragitto.

La migrazione degli uccelli. Gli uccelli migratori sfruttano il fatto che l'inclinazione del campo magnetico della Terra cambia in funzione della latitudine: all'equatore è tangente alla superficie terrestre, mentre al Polo Nord è perpendicolare. Quando un uccello vola su lunghe distanze, vede l'inclinazione del campo magnetico che cambia continuamente. Gli scienziati pensano che nella retina degli occhi degli uccelli ci sia un tipo di molecola nella quale due elettroni hanno gli stati quantici dei loro *spin* 'intrecciati'. Quando la molecola assorbe la luce esterna, gli elettroni si separano, e sono influenzati in modo diverso dall'inclinazione del campo magnetico rispetto alla superficie terrestre. Questa differenza influisce sulle reazioni chimiche della molecola, la quale trasmette al cervello dei segnali elettrici, i cui valori dipendono dal grado di inclinazione del campo magnetico. In questo modo, l'uccello traccia la mappa del suo viaggio.

Delicate fragranze. Per molti anni si era creduto che l'odore di un prodotto chimico fosse determinato dalla forma delle sue molecole. I recettori dell'olfatto che si trovano nel naso sono come dei lucchetti, che si aprono solo con la chiave giusta: quando la chiave entra, comanda dei segnali nervosi che sono inviati al cervello, il quale li interpreta come odori particolari. Una critica a questa interpretazione del meccanismo dell'olfatto è che alcune molecole producono lo stesso odore ma hanno forme differenti, mentre altre hanno la stessa forma ma producono odori differenti. Negli ultimi anni, alcuni scienziati hanno proposto un nuovo meccanismo, che si basa sul fenomeno quantistico dell'*effetto tunnel.*

Come il cervello produce la sensazione dei vari colori in corrispondenza alle diverse frequenze con cui vibrano le onde luminose, così può interpretare le frequenze caratteristiche con cui vibrano le molecole olfattive, come una gamma di odori. Quando una molecola è in un recettore, un elettrone di uno dei suoi atomi passa, per effetto tunnel, attraverso la molecola stessa, e scatena una cascata di segnali elettrici che il cervello interpreta come odore. Questo succede solo se il livello di energia dell'elettrone coincide con l'energia corrispondente alla frequenza caratteristica della molecola.

La molecola della vita. Negli ultimi anni, i biologi quantistici hanno esplorato la possibilità che l'*effetto tunnel* di nuclei di idrogeno (protoni), giochi un ruolo determinante in uno dei più importanti processi della biologia molecolare: la mutazione nel nostro DNA; ossia, il cambiamento del codice genetico di un individuo.

La molecola di DNA consiste di due catene, conposte di quattro tipi di molecole semplici, dette basi. Le due catene sono avvolte in una doppia elica, e sono tenute insieme da speciali legami chimici, detti 'legami a idrogeno'. Ci sono due di questi legami per ogni coppia di basi, una base appartenente a una catena, l'altra a quella opposta.

Una mutazione spontanea nel DNA può essere causata dal fatto che i due nuclei di idrogeno, che si trovano in ciascuno dei due legami, attraversano, per effetto tunnel, una barriera energetica, e si spostano, ciascuno vicino alla base della catena opposta. Si forma così una nuova struttura della coppia di basi. Una replicazione di questa nuova struttura comporta una mutazione genetica; ossia, una modifica nella sequenza delle basi lungo le catene della molecola del DNA.

La biologia quantistica è ancora nell'età dell'infanzia, ma ciò che gli scienziati stanno imparando dallo studio dei sottili meccanismi messi in gioco dalla natura, potrà avere profonde implicazioni nello sviluppo di nuovi farmaci, di computer quantistici, nella ricerca sul cancro, e nella comprensione dell'evoluzione della vita stessa.

------ o ------

Aneddoti e frammenti

Richard Feynman

"... trattava le autorità e l'istituzione accademica con la stessa irriverenza che aveva per il complicato formalismo matematico... I suoi scritti autobiografici contengono storie divertenti: Feynman che si prende gioco del servizio di sicurezza della bomba atomica durante la guerra,... Feynman che disarma le donne con comportamenti scandalosi. Egli trattò il suo Premio Nobel nello stesso modo: prendere o lasciare".

(*Paul Davies*) [8]

Dalla parte di Einstein

"*Sospetto che l'interpretazione favorita della meccanica quantistica [l'interpretazione di Copenaghen] dovrà essere rivista. Non sto dicendo che la meccanica quantistica sia sbagliata o incompleta. Ma credo che una teoria finale non avrà alcun elemento casuale. Sono dalla parte di Albert Einstein, il quale ha sempre sospettato che le vere equazioni della natura non possono permettere il gioco d'azzardo*".

(*Gerardus 't Hooft, Nobel per la fisica 2001*) [9]

La teoria delle stringhe è una filosofia?

"*Non esiste un esperimento che possa essere eseguito, né osservazione che possa essere fatta, e che possa dire 'ragazzi è tutto sbagliato'. La teoria [delle stringhe] è sicura, permanentemente sicura. Le domando, è quella una teoria della fisica, o una filosofia?*"

(*Sheldon Glashow*) [10]

Intervista ad Anton Zeilinger

"[*Intervistatore:*] *Qualche gruppo di fisici hanno già teletrasportato singoli atomi. Siamo ormai sulla strada di trasferire esseri umani?*"

"[*Zeilinger:*] *Qui stiamo parlando di fenomeni quantistici; non abbiamo alcuna idea come potremmo riprodurli con oggetti di grandi dimensioni. E anche se fosse possibile, i problemi coinvolti sarebbero enormi. Primo, per ragioni fisiche, l'oggetto originale dovrebbe essere completamente isolato dal suo ambiente circostante, affinché il trasferimento possa funzionare. Ci dovrebbe essere un vuoto assoluto. Ed è un fatto ben noto che questo non è particolarmente salutare per gli esseri umani. Secondo, si dovrebbero estrarre tutte le proprietà di una persona, e trasferirle su un'altra. Questo significa produrre un essere umano che non ha più il colore dei capelli, il colore degli occhi, [uno spirito con sembianze umane]. Un uomo senza qualità! Questo non è solo 'privo di etica', ma è una cosa così pazza che è impossibile immaginarla*".

(*Die Weltwoche*) [11]

Schrödinger dubitava ...

"*Osservare, manipolare e controllare singoli sistemi quantici è stato un grande passo avanti degli ultimi decenni. Schrödinger dubitava che potesse mai essere possibile, ma i laureati [Nobel] di quest'anno [2012] l'hanno realizzato*".

(*Alain Aspect*) [12]

Intervista a Serge Haroche

"[*Intervistatore:*] *Dunque, il computer quantistico non è più un sogno?*"

"[*Haroche:*] *Rimango un po' scettico... [Il fenomeno della] decoerenza rimane un ostacolo enorme. Penso che manchi ancora un'idea radicale, che arriverà probabilmente da un altro settore, senza che si sappia da quale. Quando il laser è stato inventato, nessuno immaginava che potesse rivoluzionare le comunicazioni... Per questo, bisogna permettere alla ricerca fondamentale di essere libera di andare in tutte le direzioni".*

(*La Recherche, 2013*) [13]

Mozart e la meccanica quantistica

Così Victor Weisskopf diceva ai suoi studenti:

"Ci sono due cose che fanno sì che la vita sia degna di essere vissuta: Mozart e la meccanica quantistica".

------ o ------

NOTE

1 PRELUDIO

1 *Per saperne di più*. In un brano della celebre opera *Dialogo*, Galileo descrive quello che prenderà il nome di *principio di relatività galile-iana*. Con un linguaggio moderno può essere così espresso: 'Le leggi della meccanica sono le stesse per tutti gli osservatori che si muovono, uno rispetto all'altro, di moto rettilineo uniforme (moto lungo una linea retta, con velocità costante)'. Nella teoria della relatività ristretta (1905, Capitolo 2), Einstein estese il principio di relatività a tutte le leggi della fisica. Il principio è uno dei due postulati della teoria stessa.

2 *Per saperne di più*. La prima legge del moto di Newton (detta anche 'principio d'inerzia', descritta già da Galileo, Capitolo 1) stabilisce che 'un corpo rimane fermo, o si muove lungo una linea retta con velocità costante, salvo che su di esso agisca una forza'. Seconda legge: 'l'accelerazione (variazione della velocità nell'unità di tempo) di un corpo è uguale alla forza che agisce su di esso, diviso per la sua massa'. La terza legge stabilisce che 'se un corpo applica una forza a un altro corpo, questo applica una forza uguale e contraria al primo'. L'intensità della forza gravitazionale tra due corpi è proporzionale al prodotto della loro massa e inversamente proporzionale al quadrato della distanza che li separa ($1/2^2$, $1/3^2$, …).

3 Il secondo principio della termodinamica e l'entropia: 'In un sistema isolato (dal mondo esterno) l'entropia (ossia, il grado di disordine del sistema) non può mai diminuire'.

4 Il kelvin è l'unità di misura della temperatura assoluta: 0 kelvin = -273 °C (zero assoluto); 273 kelvin = 0 °C (ghiaccio fondente); 373 kelvin = 100 °C (acqua bollente).

2 LA RIVOLUZIONE DEI QUANTI

1 PTB Mitteilungen 2 - PTR/PTB: 125 Years of Metrological Research, p. 4.

2 La formula di Lord Rayleigh è anche detta 'formula di Rayleigh-Jeans'.

3 Max Planck, *Autobiografia scientifica*, Einaudi, 1956.

4 Jagdish Mehra e Helmut Rechenberg, *The Historical Development of Quantum Theory*, Springer-Verlag, 1962, vol. 1, I, p. 44, pp. 49-50.

5 *The Collected Papers of Albert Einstein*, Princeton University Press, 1992, vol. 2, p. 20.

6 The Nobel Foundation and W. Odelberg, ed., *Nobel: The Man and His Prizes*, American Elsevier, 1972, p. 309.

7 Per F. Dahl, *Flash of the Cathode Rays...*, Institute of Physics Publishing, 1997, p. 133.

8 Alcuni ritengono che Alfred Nobel non abbia incluso la matematica tra i sui premi perché non gli sembrava che producesse benefici pratici per l'umanità. Era questa la principale motivazione per la quale istituì i premi.

9 *Per saperne di più.* Legge di Coulomb della forza elettrica: due particelle con una carica elettrica si attraggono o si respingono con una forza la cui intensità è proporzionale al prodotto delle due cariche, e inversamente proporzionale al quadrato della distanza che separa le due particelle.

10 David Wilson, *Rutherford: Simple Genius*, Hodder and Stoughton, 1983, p. 295.

11 C. Andrade, *The birth of the nuclear atom*, Scientific American, novembre 1956, pp. 96-8.

12 David Wells, *Personaggi e paradossi della matematica*, Mondadori, 2002, p. 31.

13 Fritz Stern, *Einstein's German World*, Penguin Books, 2001, pp. 36-7, 97-8.

14 Abraham Pais, *Subtle is the Lord, ...*, Oxford University Press, 1982, p. 16, 37.

15 Walter Gratzer, *Eurekas and Euphorias...*, Oxford University Press,, 2002, p. 27.

16 Chaim Weizman, *Trial and Error: the Autobiography of Chaim Weizman,* Harper & Bros, 1949, p. 118.

3 L'ATOMO QUANTISTICO

1 L. Rosenfeld, *Niels Bohr*: *Collected Works*, North Holland, vol. 2 (1981), p. 2, vol. 1 (1972), p. 559, 539, 585, 586.

2 Niels Bohr, *I quanti e la vita*, Boringhieri, 1965, p. 148, 158, 157.

3 La sequenza di righe spettrali dell'atomo di idrogeno, corrispondenti alle frequenze (o lunghezze d'onda) della luce visibile, è detta '*serie di Balmer*', perché lo svizzero Johann Balmer, nel 1885, aveva trovato una formula empirica per calcolarle. Con il suo modello dell'atomo quantistico, Bohr riuscì a ricavare teoricamente la formula di Balmer, oltre alle formule per le altre serie, quelle nell'infrarosso e nell'ultravioletto.

Per i curiosi. Le singole frequenze della serie di Balmer sono proporzionali a

$$(1/2^2 - 1/3^2), \quad (1/2^2 - 1/4^2), \quad (1/2^2 - 1/5^2),\dots$$

(Il primo termine della parentesi è sempre lo stesso; nel denominatore del secondo termine compaiono invece i quadrati dei numeri interi 3, 4, 5…, i quali rispecchiano i salti quantici tra i livelli di energia 3-2 (prima parentesi), 4-2, 5-2 ecc. La lunghezza d'onda della prima riga spettrale (prima parentesi) corrisponde a un colore rosso estremamente brillante.

4 Twentieth Century Physics, *Introducing Atoms and their Nuclei*, Institute of Physics Publishing and American Institute of Physics Press, 1995, Vol. I, p. 88, 86.

5 Abraham Pais, *Subtle is the Lord...* , p. 382, 301.

6 Sheldon L. Glashow, *From Alchemy to Quarks*, Books/Cole Publishing, 1994, p. 460.

7 Jagdish Mehra e Helmut Rechenberg, *The Historical Development...*, vol. 1, I, p. 240.

8 Fritz Stern, *Einstein's German World...* , p. 117, 127, 131.

9 George Gamow, *Biografia della fisica* (traduzione di Michelangelo Fazio), Mondadori, 1998, p. 242.

10 Walter Gratzer, *Eurekas and Euphorias...* , pp. 51-52.

4 GLI ANNI RUGGENTI

1 Louis de Broglie, *Physics and Microphysics*, Pantheon Books, 1955, p. 70.

2 Abraham Pais, *Niels Bohr's Times…*, Oxford University Press, 1993, p. 240, 275, 243, 239.

3 *Per saperne di più.* Il principio di esclusione di Pauli e la struttura degli atomi. Per il numero quantico principale $n = 1$ si ha il primo guscio (il più vicino al nucleo) completo con 2 elettroni: uno con 'codice a barre' $(n, l, m, s) = (1, 0, 0, + 1/2)$, l'altro con $(1, 0, 0, - 1/2)$. Il tre gusci successivi sono completi con 8, 18, 32 elettroni. Oltre alla fisica atomica, il principio di esclusione ha molte importanti applicazioni in aree diverse, come la chimica quantistica, la fisica nucleare e delle particelle, la fisica della materia condensata, e l'astrofisica.

4 *Per approfondire.* Una unità di spin è uguale a $h/2(pi\ greco)$ ($pi\ greco = 3,14159\ …$) (h = costante di Planck). Un elettrone (e altre particelle con uno *spin*) si comporta come un microscopico ago magnetico, e la grandezza fisica che lo caratterizza è legata al valore del suo *spin*. In un campo magnetico, il microscopico ago magnetico 'elettrone' si può orientare nella direzione del campo (per questo si dice '*spin verso l'alto*' o '*spin su*', numero quantico di spin $s = + 1/2$), o nella direzione opposta ('*spin verso il basso*' o '*spin giù*', $s = - 1/2$). Ai due orientamenti corrispondono due stati quantici con due livelli di energia.

5 *Un po' di più.* Il laser (Capitolo 6) funzione grazie alla statistica di Bose-Einstein, applicata ai fotoni della luce laser. La statistica di Fermi-Dirac si applica invece ad altri sistemi di particelle: per esempio, agli elettroni liberi contenuti in un metallo, e che costituiscono la corrente elettrica.

6 Jagdish Mehra e Helmut Rechenberg, *The Historical Development…*, vol. 2, p. 12, vol. 3, pp. 7-9, p. 12.

7 *Per i curiosi.* Esempio di un prodotto di due matrici, A e B.

$$\begin{pmatrix} 1 & 2 \\ 1 & 2 \end{pmatrix} \times \begin{pmatrix} 2 & 1 \\ 2 & 1 \end{pmatrix} = \begin{pmatrix} 2+4 & 1+2 \\ 2+1 & 1+2 \end{pmatrix} = \begin{pmatrix} 6 & 3 \\ 6 & 3 \end{pmatrix} \qquad \begin{pmatrix} 2 & 1 \\ 2 & 1 \end{pmatrix} \times \begin{pmatrix} 1 & 2 \\ 1 & 2 \end{pmatrix} = \begin{pmatrix} 3 & 6 \\ 3 & 6 \end{pmatrix}$$

A × B   non è uguale a   B × A

8 Helge Kragh, *Dirac: A Scientific Biography*, Cambridge University Press, 1990, p. 17.

9 Walter Moore, *Schrödinger: Life and Thought*, Cambridge University Press, 1989, p. 175, pp. 194-6, p. 222.

10 La probabilità di uno stato quantico è data dal *quadrato* dell'ampiezza di probabilità della funzione d'onda *psi* corrispondente a quello stato.

11 Abraham Pais, *Subtle is the Lord...*, p. 443, 445.

12 Werner Heisenberg, *Physics and beyond*, Harper and Row, 1971, pp. 73-6.

13 George Gamow, *Thirty Years That Shook Physics*, Dover, 1966, p. 63, 86, pp. 54-5,. 55-6.

14 Dick Teresi, *The Lone Ranger of Quantum Mechanics*, The New York Times, 1990.

15 Strofe di una poesia degli studenti di Schrödinger a Zurigo; in Felix Bloch, Physics Today, dicembre 1976, p. 24.

16 www.aip.org/history/heisenberg.

17 George Gamow, *Biography of physics*, Harper & Brothers (1961), Dover edition (1988), pp.234-5.

18 *Per saperne di più.* Negli anni 1980, un gruppo di fisici giapponesi dei laboratori Hitachi ripeterono l'esperimento di Young delle due fenditure (Capitolo 1), utilizzando degli elettroni. Sullo schermo fluorescente, sul quale arrivavano gli elettroni, dopo essere passati attraverso le due fenditure, si formavano le frange di interferenza, allo stesso modo degli esperimenti tipo quello di Young, che provavano la natura ondulatoria della luce. Gli esperimenti del gruppo giapponese provavano, invece, in un modo inequivocabile, la natura ondulatoria degli elettroni. (Richard Feynman considerava l'esperimento delle due fenditure come l'elemento fondamentale della teoria quantistica.)

19 S. Rozental, *Niels Bohr: His Life and Work ...*, North-Holland, 1967, pp. 105-6, 107-8.

20 *Per saperne di più.* Essendo il valore della costante di Planck *h* molto piccolo, l'indeterminazione sulla posizione, o sulla velocità di un oggetto, risulta evidente solo per oggetti microscopici, come gli atomi, gli elettroni, o le altre particelle. Per oggetti macroscopici queste indeterminazioni sono trascurabili, e non si notano. Per esempio, la lunghezza d'onda corrispondente a una pallina da tennis, mentre è lanciata verso un tennista, è dell'ordine delle dimensioni di un nucleo atomico; per cui, le misure sulla sua posizione e sulla sua quantità di moto (o velocità) si possono considerare assolutamente precise.

21 *Per saperne di più.* Un'onda di probabilità sinusoidale (corrispondente a un solo valore della velocità) ha le creste e le valli equidistanti, e si estendono da meno infinito a più infinito. Più grande è l'indeterminazione sulla velocità (quantità di moto, energia) dell'elettrone, più ampio è l'intervallo delle velocità che può avere. L'onda che rappresenta la probabilità di trovare l'elettrone in un certo punto nello spazio (somma di tutte le onde corrispondenti alle varie velocità) assume sempre più la forma di una curva con un picco centrale, la cui larghezza (che rappresenta l'indeterminazione sulla posizione dell'elettrone) diventa sempre più piccola (e la sua altezza sempre più grande).

22 N. P. Landsman, *When Champions meet: Rethinking the Bohr-Einstein Debate*, philsci-archive.pitt.edu/2503/EinsteinBohr.pdf.

23 Victor F. Weisskopf, *Physics in the Twentieth Century…*, The MIT Press, 1972, p. 55.

24 Henry Kreysler, *A Scientist's Odyssey, Conversation with Victor Weisskopf*, 1988,
http://globetrotter.berkeley.edu/conversations/Weisskopf/.
Victor F. Weisskopf, *The Joy of Insight*, Ed. italiana: *Le gioie della scoperta*, Garzanti, 1992, pp. 73-4.

25 F. Janouch, *Lev D. Landau: his life and work*, CERN 79-03, 1979, p. 5.

26 William Hayes, *Max Ludwig Delbrück*, National Academy of Sciences, 1993, p. 75.

27 Albert Einstein, Leopold Infeld, *L'evoluzione della fisica*, Boringhieri 1960, pp. 272-273.

28 Steven Weinberg, *Dreams of a final theory*, Vintage Books, 1993, p. 74.

5 I QUANTI IN AZIONE

1 Graham Farmelo, *The Strangest Man*, London: Faber & Faber, 2010.

2 Nel 1932, Enrico Fermi pubblicò un articolo sulla rivista *Review of Modern Physics* nel quale espose l'elettrodinamica quantistica con un formalismo matematico molto elegante. Hans Bethe così si espresse: *"Molti di voi, come me, hanno probabilmente imparato le prime nozioni di teoria dei campi dal meraviglioso articolo di Fermi. È un esempio, credo insuperato, di semplicità in una materia difficile"*.

3 Carl David Anderson, *The Discovery of Anti-matter*, World Scientific, 1999, p. 34, 35.

4 Arthur I. Miller, 137: *Jung, Pauli, and the Pursuit of a Scientific Obsession*, Norton, 2010, pp. 126-7, p. 128.

5 Edoardo Amaldi, *Physics Report*, Vol. III, 1984, p. 76.

6 Mark Oliphant, *Rutherford: Recollections of the Cambridge Days*, Elsevier, 1972, pp. 76-7.

7 Walter Gratzer, *Eurekas and Euphorias...*, p. 7, 157, 192.

8 Victor F. Weisskopf, *Personal Memories of Pauli*, Physics Today, dicembre 1985, p. .37, 41.

9 Karl von Meyenn, Engelbert Schucking, *Wolfgang Pauli*, Physics Today, febbraio 2001, p. 48.

10 George Gamow, *Thirty Years That Shook Physics*, pp. 188-9, p. 213. Traduzione italiana (Laura Felici): *Trent'anni che sconvolsero la fisica*, Zanichelli, 1966, p. 178, 196.

11 Walter Moore, *Schrödinger: Life and Thought...* , p. 289, pp. 290-1.

12 La particella di Yukawa (denominata 'mesone pi greco') fu scoperta in un esperimento con i raggi cosmici, nel 1947, dal fisico inglese Cecil Powell.

13 Mentre nell'esempio classico i colori (rosso e blu) sono reali anche prima di inviare le buste ad Alice e a Bob, nell'esempio quantistico lo stato di polarizzazione dei due fotoni diventa reale solo quando si esegue una misura (è quello che asserisce la meccanica quantistica). Essendo i due fotoni intrecciati, quando si esegue una misura di polarizzazione su uno dei due, diventa reale anche lo stato di polarizzazione dell'altro (è questa trasmissione istantanea della realtà fisica che non piaceva ad Einstein).

14 Nancy Thorndike Greenspan, *The End of a Certain World:...*, Basic Books, 2005, eBook, pos. 2826/5487.

15 Fritz Stern, *Einstein's German World...*, p. 54, pp. 153-4.

16 Emilio Segrè, *Enrico Fermi, Fisico*, Zanichelli, 1971, p. 106, 116.

17 *Twentieth Century Physics*, 1995, pp. 1706-7.

18 *Per saperne di più.* In una stella di neutroni, la gigantesca pressione comprime gli elettroni degli atomi contro i nuclei: gli elettroni si combinano con i protoni trasformandosi in neutroni e neutrini. I neutrini sfuggono dai nuclei, e rimane una stella superdensa, con un diametro di circa 20 kilometri, e con all'interno un gas di neutroni (è un gas degenere di fermioni).

19 *Per saperne di più.* Se la stella di neutroni ha una massa maggiore di tre masse solari, il collasso gravitazionale è inarrestabile. Il materiale della stella viene compresso in un volume nullo, di densità infinita: la stella diventa un 'buco nero'.

20 Otto R. Frisch and John A. Wheeler, Physics Today, novembre 1967, p. 47.

21 Patricia Rife, *Lise Meitner and the Dawn of the Nuclear Age*, Boston Birkhäuser 1999, pp. 225-6.

22 Sturat A. Rice and Joshua Jortner, *James Franck, A Biographical Memoir*, National Academy of Sciences, 2010, p. 12.

23 John Gribbin, *Erwin Schrödinger and the quantum revolution*, Batam Press, 2012, p. 196.

6 ACCADDE DOPO …

1 La visita di Heisenberg a Bohr del 1941 è stata di nuovo oggetto di discussione, dopo il 2002, quando sono state rese note alcune lettere che

Bohr aveva scritto a Heisenberg, e che non erano mai state spedite al destinatario.

2 Durante il confino degli scienziati tedeschi a Farm Hall, tutte le loro conversazioni erano registrate e analizzate dall'intelligence alleata, per scoprire a quale livello erano le conoscenze tedesche sulle armi nucleari.

3 Walter Gratzer, *Eurekas and Euphorias...* , p. 120, pp. 92-3.

4 Abraham Pais, *Niels Bohr's Times...*, pp. 225-6.

5 Sheldon L. Glashow, *From Alchemy to Quarks*, p. 487.

6 Altri fisici teorici che hanno dato importanti contributi allo sviluppo della moderna teoria QED: Victor Weisskopf, Hans Bethe, Freeman Dyson.

7 Per chi volesse approfondire le nuove meraviglie della meccanica quantistica: Anton Zeilinger, *Dance of the photons*, *From Einstein to Quantum Teleportation*, Farrar, Straus and Giroux, 2010, eBook.

8 Paul Davies, Introduction, in Richard Feynman, *The Character of Physical Law*, Penguin Books, 1992, p. 9.

9 Nature, Vol. 433, 20 January 2005, p. 257.

10 Sito web:
www.pbs.org/wgbh/nova/elegant/view-glashow.html.

11 Die Weltwoche, 3 gennaio 2006.

12 http://physicsworld.com/cws/article/news/2012/oct/09/

13 Denis Delbecq, PRIX NOBEL - *Nous rêvions de manipuler un photon sans le détruire*, La Recherche, n. 471, 01/01/2013, p. 92.

GLOSSARIO

Alfa (particella) Nucleo dell'atomo di elio, costituito da due protoni e due neutroni.

Antiparticella Le antiparticelle sono identiche alle particelle ordinarie, ma hanno una carica elettrica, e altri numeri quantici, opposti.

Atomico (numero, Z) Numero di protoni nel nucleo di un atomo.

Atomo La più piccola unità di un elemento chimico. È composto da un nucleo centrale, carico di elettricità positiva, e da una nube di elettroni carichi di elettricità negativa. La carica del nucleo è uguale e opposta a quella di tutti gli elettroni.

Beta (raggi) Elettroni veloci emessi dai nuclei radioattivi (radioattività beta).

Bit L'informazione elementare del linguaggio numerico. Un bit può assumere i valori 0 o 1.

Bit quantistico (qubit) Equivalente delle funzioni acceso/spento (0, 1) in un calcolatore quantistico. Un qubit può esistere in una sovrapposizione di stati.

Bosone Particella con spin intero che obbedisce alla statistica di Bose-Einstein.

Campo Zona d'influenza di una forza. Campo elettrico: zona d'influenza della forza elettrica, intorno a una carica elettrica. Campo magnetico: zona d'influenza della forza magnetica, intorno a un magnete (esempio: una calamita), o a un filo conduttore percorso da una corrente elettrica.

Carica di colore Proprietà delle particelle (quark, componenti degli adroni) responsabili della forza nucleare forte.

Carica elettrica Proprietà delle particelle subatomiche responsabile dei fenomeni elettrici e magnetici.

Coerenza quantistica Il fenomeno della sovrapposizione degli stati quantici di un sistema, dove le onde che rappresentano gli stati quantici oscillano in modo coordinato, come un'unica onda (gli stati sono coordinati, come se fossero un unico stato quantico).

Complementarità (principio di) Il duplice aspetto, *corpuscolare* e *ondulatorio*, dei fenomeni atomici e subatomici non può essere osservato simultaneamente in uno stesso esperimento.

Copenaghen (interpretazione di) Descrizione quantistica dei fenomeni del mondo fisico in termini di probabilità, indeterminazione e 'collasso' della funzione d'onda.

Corpo nero Oggetto che assorbe completamente le radiazioni elettromagnetiche che riceve.

Corpo nero (radiazione di) Radiazione elettromagnetica emessa da un corpo nero, a una determinata temperatura.

Correlazione quantistica Due o più particelle possono essere connesse una con l'altra, in modo tale che una misura su una può influenzare lo stato quantico dell'altra, anche se le due particelle sono divise da una grande distanza.

Cromodinamica quantistica (QCD) La moderna teoria dell'interazione forte tra quark.

Decoerenza quantistica Il passaggio dal mondo microscopico delle particelle (regolato dalle leggi della fisica quantistica) al mondo macroscopico in cui viviamo (regolato dalle leggi della fisica classica), è legato alla scomparsa della sovrapposizione degli stati quantici (oppure: della coerenza quantistica).

Diffrazione (delle onde luminose) Deviazione dalla linea retta della propagazione delle onde luminose, quando piccolissimi fori o piccolissimi oggetti si trovano sul loro cammino.

Dualismo onda-corpuscolo I fotoni e le altre particelle possono comportarsi come onde o come particelle, dipende dall'esperimento che si sta eseguendo.

Effetto fotoelettrico Emissione di elettroni dalla superficie di un metallo quando è illuminata dalla luce.

Effetto tunnel Fenomeno quantistico per cui una particella può passare attraverso una barriera di energia, anche se non ha l'energia sufficiente per superarla.

Elettrodinamica quantistica (QED) La moderna teoria che descrive l'interazione elettromagnetica tra le particelle con carica elettrica e i fotoni.

Elettrone Particella fondamentale, uno dei costituenti degli atomi. La sua massa è la più piccola massa delle particelle libere in natura, e la sua carica elettrica è negativa e di valore uguale alla carica elementare.

Energia cinetica Energia che possiede un corpo a causa del suo moto. È uguale alla metà del prodotto della massa del corpo per il quadrato della sua velocità.

Energia potenziale Energia posseduta da un sistema di corpi che interagiscono tra di loro attraverso delle forze, e dipende dalla loro posizione relativa.

Fermione Particella con spin semintero che obbedisce alla statistica di Fermi-Dirac.

Fisica classica Descrizione dei fenomeni fisici secondo le leggi di Newton e le equazioni di Maxwell.

Fisica quantistica Leggi fisiche che si applicano ai fenomeni atomici e subatomici, dove i cambiamenti di stato avvengono in modo discontinuo, per salti quantici.

Fissione nucleare Fenomeno che si verifica quando un nucleo pesante si frantuma in nuclei più leggeri.

Forza gravitazionale Forza di attrazione tra i corpi a causa della loro massa.

Forza elettromagnetica Forza di interazione tra particelle con una carica elettrica.

Forza nucleare debole Forza a breve raggio d'azione, alla base di certi decadimenti radioattivi dei nuclei atomici.

Forza nucleare forte Forza a breve raggio d'azione che tiene uniti i protoni e i neutroni nei nuclei atomici. Ha origine dalla forza dovuta alle cariche di colore che agisce tra i quark.

Fotone (quanto di luce) Una particella di luce.

Funzione d'onda Entità matematica che descrive gli stati di un sistema quantico (come un elettrone) in termini ondulatori.

Funzione d'onda (collasso della) La funzione d'onda di un sistema quantico, inizialmente sovrapposizione di più stati quantici, si riduce a un singolo stato, dopo una misura sul sistema.

Fusione nucleare Avviene quando due nuclei leggeri si fondono per formare un nucleo più pesante.

Gamma (raggi) Radiazioni elettromagnetiche con una lunghezza d'onda compresa tra un decimo di nanometro (un nanometro = un miliardesimo di metro) e un centimillesimo di nanometro.

Indeterminazione (principio di) Non è possibile determinare, nello stesso istante, la posizione e la quantità di moto (proporzionale alla velocità) di una particella con una precisione assoluta.

Interferenza (delle onde luminose) Fenomeno dovuto alla sovrapposizione, in un punto dello spazio, di due (o più) onde luminose.

Intreccio quantistico (quantum entanglement) Correlazione quantistica.

Isotopo Elemento chimico il cui nucleo ha lo stesso numero di protoni ma un diverso numerro di neutroni.

Legame a idrogeno Esempio: le molecole d'acqua. In una molecola d'acqua i due atomi di idrogeno sono uniti a un atomo di ossigeno, e i tre atomi non sono disposti in linea retta. Si crea così un'asimmetria nella distribuzione della carica elettrica (negativa degli elettroni esterni degli atomi, positiva dei nuclei): c'è più carica elettrica negativa vicino all'ossigeno, e più carica elettrica positiva vicino ai due atomi di idrogeno. Un atomo di idrogeno di una molecola può quindi essere attratto da un atomo di ossigeno di un'altra molecola, crendo così un debole legame chimico, detto 'legame a idrogeno'.

Livelli di energia Valori discreti dell'energia di un atomo (o di un qualsiasi sistema quantico), corrispondenti ai diversi stati quantici dell'atomo stesso.

Luce (visibile) Radiazioni elettromagnetiche con una lunghezza d'onda compresa tra 400 nanometri e 800 nanometri.

Meccanica classica Descrizione delle forze, e dei moti dei corpi, secondo le leggi di Newton.

Meccanica delle matrici Versione della meccanica quantistica fondata su delle equazioni che contengono delle entità matematiche dette matrici.

Meccanica ondulatoria Versione della meccanica quantistica fondata sull'equazione di Schrödinger.

Meccanica quantistica Descrizione, secondo le leggi della fisica quantistica, delle forze in gioco nel mondo degli atomi e delle particelle.

Neutrone Una delle due particelle che costituiscono i nuclei atomici. La sua massa è circa uguale a quella del protone, e la sua carica elettrica è uguale a zero.

Non localizzazione (vedi correlazione quantistica). Impossibilità di localizzare in un punto un'entità quantica (per esempio, un elettrone).

Nucleo Cuore dell'atomo, costituito da protoni e neutroni.

Nucleone Nome generico dato ai protoni e ai neutroni contenuti in un nucleo atomico.

Onda elettromagnetica Campo elettrico e magnetico oscillante che si propaga nello spazio.

Planck (costante di) Costante fondamentale della natura, che lega l'energia di un fotone alla sua frequenza. La costante h interviene nelle equazioni della fisica quantistica.

Positrone Antiparticella dell'elettrone (antielettrone).

Protone Una delle due particelle che costituiscono i nuclei atomici. La sua massa è circa 1836 volte la massa dell'elettrone, e la sua carica elettrica è positiva e di valore uguale alla carica elementare.

Quanto Il più piccolo valore di una grandezza fisica, che può solo subire delle variazioni discontinue.

Quark Particella fondamentale di cui sono costituiti gli adroni (esempio: protoni e neutroni).

Salto quantico La più piccola variazione che può subire un sistema quantico.

Schrödinger (equazione di) Equanzione d'onda che descrive il comportamento delle particelle in termini di fisica quantistica.

Sovrapposizione (principio di) La funzione d'onda di un sistema quantico è composta da onde corrispondenti a stati quantici differenti.

Spin Quantità, legata alla rotazione che caratterizza un sistema quantico (molecola, atomo, nucleo, particella) che si trova in un determinato stato quantico.

Stato quantico Lo stato di un sistema quantico.

Teletrasporto quantistico Il trasferimento di uno stato quantico di un sistema su un altro sistema, che può essere anche a grandi distanze. Il teletrasporto quantistico usa la proprietà dell'intreccio quantistico per trasmettere l'informazione.

X (raggi) Radiazioni elettromagnetiche con una lunghezza d'onda compresa tra un centimillesimo di nanometro e un centesimo di nanometro.

CRONOLOGIA

1900 Max Planck introduce il concetto di *quanto di energia.*

1905 Albert Einstein introduce il concetto di *quanto di luce (fotone),* e lo utilizza per spiegare l'effetto fotoelettrico.

1906 Albert Einstein utilizza il concetto del quanto di energia di Planck per spiegare i calori specifici dei solidi.

1908 Jean Perrin dimostra sperimentalmente la struttura atomica della materia.

1911 Ernest Rutherford scopre il nucleo dell'atomo.

1913 Niels Bohr propone la prima teoria quantistica dell'atomo.

- Henry Moseley esegue degli esperimenti sugli spettri dei raggi X, e dimostra la validità della teoria di Bohr.

1914 James Franck e Gustav Hertz eseguono un esperimento che dimostra l'esistenza degli stati stazionari e dei salti quantici degli atomi.

1915 Robert Millikan verifica sperimentalmente la legge dell'effetto fotoelettrico di Einstein.

1916 Arnold Sommerfeld estende la teoria di Bohr alle orbite ellittiche degli elettroni intorno ai nuclei degli atomi, e introduce il concetto di quantizzazione spaziale.

1917 Albert Einstein scopre il fenomeno dell'emissione stimolata.

1919 Ernest Rutherford scopre il protone.

1920 Niels Bohr presenta il *principio di corrispondenza.*

1921-22 Otto Stern e Walther Gerlach dimostrano sperimentalmente la quantizzazione spaziale degli atomi.

1923 Arthur Compton esegue una serie di esperimenti che dimostrano la natura corpuscolare della luce (e delle altre radiazioni elettromagnetiche).

1924 Louis de Broglie predice la natura ondulatoria delle particelle.

- Statistica di Bose-Einstein

1925 Wolfgang Pauli presenta il principio di esclusione.

- George Uhlenbeck e Samuel Goudsmit propongono il concetto di *spin* delle particelle.

- Werner Heisenberg sviluppa la *meccanica delle matrici*, la prima versione della meccanica quantistica.

1926 Erwin Schrödinger sviluppa la *meccanica ondulatoria*, un'altra versione della meccanica quantistica.

- Statistica di Fermi-Dirac.

- Max Born propone l'interpretazione probabilistica della funzione d'onda *psi*.

1927 Werner Heisenberg propone il *principio d'indeterminazione*.

- Gli esperimenti di Clinton Davisson e Lester Germer, e di G.P. Thomson, dimostrano la natura ondulatoria degli elettroni (e di tutte le particelle).

- Niels Bohr propone il *principio di complementarità*.

- Niels Bohr sviluppa l'*interpretazione di Copenhagen* della meccanica quantistica.

1928 George Gamow, Ronald Gurney e Edward Condon introducono l'effetto tunnel quantistico per spiegare il decadimento alfa e le interazioni nucleari.

- Paul Dirac sviluppa la prima formulazione dell'elettrodinamica quantistica.

1930 Paul Dirac sviluppa l'equazione relativistica dell'elettrone (*equazione di Dirac*).

- Wolfgang Pauli propone una nuova particella, denominata 'neutrino', per spiegare il decadimento beta.

1931 Paul Dirac propone l'esistenza dell'antielettrone, l'antiparticella dell'elettrone.

1932 Carl Anderson scopre il positrone (l'antielettrone).

- James Chadwick scopre il neutrone.

1933 Enrico Fermi sviluppa la prima teoria quantistica del decadimento beta.

1935 Ydeki Yukawa sviluppa la prima teoria quantistica della forza nucleare forte.

- Albert Einstein, Boris Podolsky e Nathan Rosen propongono l'esperimento mentale EPR, per dimostrare che la meccanica quantistica è una teoria incompleta.

- Erwin Schrödinger presenta il cosiddetto 'esperimento del gatto' per dimostrare che il principio di sovrapposizione della meccanica quantistica conduce a delle assurdità.

1938 Otto Hahn e Fritz Strassmann scoprono la fissione nucleare.

1947 Richard Feynman, Julian Schwinger e Sin-Itiro Tomonaga sviluppano la moderna elettrodinamica quantistica (QED).

1964 John Bell elabora la diseguaglianza che porta il suo nome.

1960 (anni) Sviluppo della teoria quantistica dell'interazione elettrodebole.

1970 (anni) Sviluppo della cromodinamica quantistica (QCD).

1982 Alain Aspect dimostra sperimentalmente che l'intreccio quantistico è una realtà.

1995 Dimostrazione sperimentale del Condensato di Bose-Einstein.

1996 Esperimento di Serge Haroche, ispirato all'esperimento mentale del 'gatto di Schrödinger', e prima osservazione del fenomeno della *decoerenza*.

1997 Esperimento di Anton Zeilinger che dimostra il teletrasporto di uno stato quantico da un fotone a un altro fotone.

2006 Serge Haroche osserva lo stato quantico di un singolo fotone senza distruggerlo.

LETTURE

1 John Gribbin, *In search of Schrödinger's cat*, Transworld Digital, 2012.

2 Anton Zeilinger, *Dance of the photons*, *From Einstein to Quantum Teleportation*, Farrar, Straus and Giroux, 2010.

Ed. italiana: *La danza dei fotoni: da Einstein al teletrasporto quanti-stico*, Le Scienze, 2012.

3 Les Dossiers de La Recherche, *Le monde quantique*, n. 29, novembre 2007.

5 Philip Yam, *Bringing Schrödinger's Cat to Life*, Scientific American, giugno 1997 (settembre 2012).

L'autore

Mauro Dardo è Professore Emerito presso l'Università del Piemonte Orientale. È stato professore di fisica presso le università di Cagliari e di Torino. Ha partecipato a programmi di ricerca nei campi della fisica dei raggi cosmici, delle particelle elementari, e dell'astrofisica delle alte energie. I suoi attuali interessi sono rivolti alla storia della scienza, e alla diffusione della cultura scientifica. Vive a Torino, l'antica capitale reale dell'Italia, circondata dalle Alpi.

E-mail: mauro.dardo@unipmn.it

Twitter@MauroDardo